持続可能な社会のための環境教育シリーズ〔6〕

入門 新しい環境教育の実践

朝岡幸彦 編著
阿部　治／朝岡幸彦 監修

筑波書房

新版へのはしがき

　本書の初版が刊行された2005年から約10年を経た。同年は日本が提唱した国連ESDの10年の開始年であり、以降、持続可能な社会をめざすESDが国内外で推進されてきた。しかしながらこの10年間、日本と世界の環境と持続可能性をめぐる状況はますます悪化している。

　特に国内においては、2011年の東日本大震災に伴う福島第一原子力発電所事故による放射性物質の拡散による環境問題が今なお深刻な状況を呈している。この問題はエネルギー問題やライフスタイルにかかわる環境教育の課題を提起したばかりでなく、生存権などの基本的人権や都市と地方との間にある社会的構造、開発など多くの問題を提起した。このため被災者らに寄り沿った具体的な環境教育の取り組みが始まっている。

　原発事故にかかわる問題はかつての水俣病などの公害によって顕在化した問題と極めて類似しており、原発事故を契機に公害教育の再検討や再評価にもつながる動きが生まれている。また、震災を契機に防災・減災教育の重要性が認識されるとともに復興教育といった新たな取り組みが環境教育/ESDの視点から始まっている。住民参加による復興の取り組みは子どもから大人までもが持続可能な社会づくりに主体的に参加するという環境教育の目的に沿うものであり、一層の取り組みが求められている。

　東日本大震災によって顕在化した都市と地方との問題は、一方で、消滅可能性自治体という名称で大きくクローズアップされてきた。少子・高齢化・過疎化の問題はかねてから指摘されてきたが、全国の市町村の人口予測から20歳から39歳までの若年女性の減少率を導き、将来の人口減少を予測し、消滅可能性自治体と表現した。この動きを受けて、政府による地方創生策が声高に取り組まれている。しかし、この消滅可能性自治体や地方創生には政治

3

的な思惑が先行しているのではないかといった多くの批判もなされている。

　しかし、少子高齢化・過疎化といった問題は大局的にはますます進行していく現象であり、その中で持続可能な地域をどのように作り上げていくのかは我が国にとって極めて重要な課題であることは間違いない。この意味で多様な学びを通じた地域への誇りの回復と醸成は持続可能な地域づくりの基盤であり、環境・経済・社会の統合をベースとした人づくりであるESDが地域創生に果たす役割は大きい。また、国内における経済格差の急速な拡大、TPP（環太平洋戦略的経済連携協定）など、グローバリゼーションの進展とともに持続可能性にかかわる多様な問題が噴出している。

　このような国内的課題が顕在化してきた中で、国連ESDの10年の我が国における成果としては、初等から高等教育における環境教育／ESDの広がりや持続可能な地域づくりとしての環境教育、ESDの展開、多様なステークホルダーによる環境教育／ESDにおける連携・協働の広がりなどを上げることができる。そして、ESDの広がりとともに環境教育の考え方も「環境保全のための教育」(2003年環境教育推進法)から「持続可能な社会のための環境・経済・社会の…」(2011年改正環境教育促進法)と変化してきた。このように我が国では、この10年間で環境教育からESDへの質的変容が進んでいることから、今後、環境教育とESDの関係についての一層の検討が求められている。

　一方で国際的には、国連ESDの10年が2014年の名古屋における世界会議を最後に終了した後も、国連はユネスコを主導機関としてESDのグローバル・アクションプログラム（GAP）を策定して、5年間のさらなる取り組みを推進している。しかも国連が2015年9月に定めた持続可能な開発目標(SDGs)は2030年までに17目標169の領域で持続可能な開発の具体化をめざした野心的な計画だ。先行して実施された国連ミレニアム開発目標（2001～15）は途上国を対象としたものであったがSDGsは先進国も含むすべての国を対象としており、日本政府もようやく推進本部を立ち上げSDGsの推進に着手した。SDGsの目標4の教育の推進の中に日本の民間組織からの強い働きかけもあ

4

り、ESDが明記され、ESDを通じたSDGsの推進つまり、SDGsの推進に果たす人づくりの重要性が国際的に確認されている。このため、ESDとSDGsの統合をはかる国際会議（ESDGsなど）が頻繁に開催されるなど、国連ESDの10年は終了したが、これからがESD普及の第2ステージといえる。

　気候変動と生物多様性は今世紀最大の環境問題であり、その対応は人類の将来に大きく影響する。昨年末にパリで開催された気候変動枠組み条約に関するCOP21では、今世紀終わりには二酸化炭素の排出量をゼロにすることをめざした極めて画期的な計画であるパリ協定が結ばれた。気候変動による自然災害は今後、ますます増加するであろう。またシカやイノシシなどによる獣害は日本の里山生物多様性に大きな影響をもたらしている。気候変動や生物多様性などの地球的課題を私たち一人ひとりの生活や地域に落とし込むこと、すなわちグローバルな課題のローカル化＝グローカライズが求められている。SDGsのローカル化は環境教育・ESDの大きな課題である。

　本書の論考には、この10年間の変化を踏まえて、今、求められている環境教育の取り組みと課題が収められている。本書をきっかけに持続可能な社会と人づくりについて考えてみよう。

　2016年初夏　福島県南相馬市にて

阿部治（立教大学）

旧版はしがき

　本年２月に懸案の京都議定書が発効した。気候変動をみるまでもなく今日の地球環境問題は危機的状況にある。これらの問題と同時にグローバリゼーションの進展による貧富の格差の増大などの社会的不公正は年々増大しており、持続不可能性が益々進行している。持続可能な開発の視点にたったあらゆるレベルでの意識改革、すなわち環境教育が極めて重要な課題となってきた。そもそも環境教育という用語が使用されたのは、1948年の国際自然保護連合の設立総会が最初であったといわれている。自然保護を推進していくための生態系教育という狭義の環境教育が、今日では持続可能な社会の創造をめざす総合的な環境教育へと変化してきた。

　「持続可能な未来をめざす教育」や「持続可能な開発のための教育」などとよばれてきたこの総合的な環境教育は、ヨハネスブルグ環境開発サミット（2002年）における日本のNGOと政府による「国連持続可能な開発のための教育の10年」（2005年〜2014年）の提案によって、国際的関心事となってきた。持続可能な開発のための教育（ESD）とは、従来の環境教育の枠を越えて持続可能性にかかわるあらゆる課題を環境経済・社会・文化の視点から統合する活動であり、社会的公正や種間公正を地球規模で達成することをめざす新しい概念である。この本書のタイトルが意味する「新しい環境教育」とは正にESDを意識したものであり、本書の内容はESDの具体的な実践の方向性を示すものである。

　ESDの内容はいまだ明確ではないが、少なくともひとりひとりの市民が「参画する力」「共に生きる力」「つなぐ力」を育み、持続可能な社会への変革の担い手となることが求められている。

　このような社会変革をめざす新たな環境教育を、日本の環境教育の到達点、

すなわち、公害教育や自然系環境教育、総合的学習などの経験に学び、国際的視点から今後の方向性を示唆することが今求められている。本書は、この意味できわめて意欲的・挑戦的な内容を含んでおり、有益な論点を提供してくれる。本書に触発され、新たな学びに向けた運動が広がることを期待する。

　2005年春　指宿温泉にて
　　　　　　阿部治（立教大学/国連持続可能な開発のための教育推進会議）

目次

新版へのはしがき ……………………………………………………… 3

旧版はしがき ……………………………………………………………… 7

第1章　環境教育とは何か─歴史・目的・概念・評価─ ……………… 11
　1　環境教育と持続可能な開発のための教育（ESD）【歴史】……11
　2　環境教育は環境問題を解決できるのか【目的】……17
　3　環境教育の教育的価値とは何か【概念】……21
　4　環境教育はどこに向かうのか【評価】……29

第2章　子どもと環境教育─学校環境教育論─ …………………… 31
　1　源流としての公害教育・自然保護教育……31
　2　学校における環境教育の流れ……33
　3　学校における環境教育その未来……36
　4　学校外教育と環境教育……43
　5　学校環境教育の課題と可能性……47

第3章　公害教育から学ぶべきもの─公害教育論─ …………………… 51
　1　現代の公害教育とは何か……51
　2　公害教育はなぜ生まれたのか……54
　3　公害教育はどのように変わったか……57
　4　公害教育の未来とまちづくり……66

第4章　自然体験を責任ある行動へ─自然体験学習論─ ……………… 71
　1　自然体験学習の成立と発展……72
　2　自然体験学習の内容と方法……77
　3　環境教育の目標と自然体験学習……84
　4　自然体験学習の今日的意義と課題……98

第5章　環境教育における食と農の教育論
—食育・食農教育から持続可能な食農学習へ— ················· 103

1　食と農の教育の視点……103

2　食と農の領域における社会と教育の変遷……107

3　食農教育の成立から食育へ……113

4　持続可能な食農教育における生活概念……120

5　食育・食農教育の課題と可能性—持続可能な食農教育の展開に向けて—……122

第6章　環境教育とコミュニティ生活体験学習論················· 125

1　生活体験学習の歩みと現状……125

2　生活体験学習の特色と構造……127

3　生活体験学習と地域伝承……131

4　地域における生活体験学習の可能性……134

第7章　持続可能な開発のための教育構想と環境教育—ESD論— ········ 139

1　持続可能な開発のための教育の源流……139

2　「持続可能な開発」概念の登場と環境教育……146

3　ESD構想の特徴……151

4　ESD構想とこれからの環境教育……157

5　ESD実践の深化に必要なこと……161

第8章　水の惑星に生きる環境教育—湿地教育論— ················· 165

1　広範な水環境を捉える「湿地教育」……165

2　ラムサール条約の動向と環境教育……167

3　日本の湿地をめぐる教育・学習……171

4　「湿地教育」に求められる視点……180

参考・引用文献 ··· 183

あとがき ··· 189

第1章　環境教育とは何か
―歴史・目的・概念・評価―

朝岡　幸彦

1　環境教育と持続可能な開発のための教育（ESD）【歴史】

「我々はどこから来たのか　我々は何者か　我々はどこへ行くのか」
（ゴーギャン　1897-98）

　日本でいつ頃から「環境教育」という言葉が使われだしたのか。この問い
に答えるためには、「環境教育」という概念の変化を見なければならない。
それは、私たちが「環境教育」という言葉を目にする前に、「公害教育」や「自
然保護教育」「野外教育」などの用語を使ってきたからである。とりわけ公
害教育は、1970年の公害国会と前後して主に都市部の学校教育の場で実践さ
れており、社会教育でも沼津・三島・清水町石油化学コンビナート建設阻止
運動や北九州市戸畑区三六婦人学級が工場煤塵の規制を求めた学習などいく
つかの有名な実践がある。日本の環境教育の出発点は公害教育であり、それ
は「不幸な出発」であったとする見解（沼田眞など）をめぐって論争も行わ
れている。

　さらに、「環境教育」概念そのものが「持続可能な開発（Sustainable
Development）」概念の影響を受けて大きく変化してきた。「持続可能な開発」
という概念が国際的に注目される契機となったのは、1992年にリオデジャネ
イロで開催された国連環境開発会議（地球サミット）である。この会議は地
球環境と経済開発を調和させる「持続可能な開発」を具体化するために「環
境と開発に関するリオデジャネイロ宣言」（リオ宣言）とその行動計画であ
る「アジェンダ21」を採択し、その後の各国の環境政策や環境NGOの活動

表 1-1　地球環境運動史年表

年代区分	特徴	キーワード
第Ⅰ期 1945年以前	欧州の自然保護活動家による多国間協力の動き。国際的な自然保護機関の創設が提案されるが、挫折。この間に、鳥類保護による多国間協力が唯一実現する。	ポール・サラザン（スイス国立公園、1914年）／P.G.ヴァン・ティーン（国際自然保護局 IOPN、1934年）／国際鳥類保護局（ICBP）→国際鳥類保存会議／米国の環境主義：保存主義者と保全主義者
第Ⅱ期 1945年~61年	環境主義：〈自然保護〉から〈自然と天然資源の保全（利用と管理）〉へ ＊第2次大戦後、国際主義的傾向が強まる。国際貿易と商品協定が優先事項。国連の主要な議題は食糧増産と資源開放にあった。この時期、環境主義や経済学者の関心は、人口問題（新マルサス主義）と天然資源の管理（保全と利用）にあった。 ＊象徴的な対立は米国国務省とビンショー（経済政策の中の環境保全） ＊国際的自然保護連合（IUPN→IUCN）の設立。これは大衆運動の産物ではなく、少数の熱狂者の創造物だった。特徴：政府と非政府組織の混成部隊／保護主義と保全主義の混合物、自然保護のみに専念。1956年：アフリカの種の独立が実現。その後、アフリカの独立が実現すると生息環境の保全から政策の方向が変わる（生態系の保存に伴って政策の方向が変わる（合理的な管理の必要性）。しかし、世論は個別の局面を迎えていた（新しい環境主義）。 ＊財政問題克服のために1960年に世界野生生物基金（WWF）が設立される。	ギフォード・ビンショー＝国連経済社会理事会（ECOSOC）／食糧農業機関（FAO）フェアフィールド・オズボーン／ウィリアム・ボードジュリアン・ハクスリー／マックス・ニコルソン／UNESCO1946年／国際自然保護連合（IUPN1948年）→国際自然及び天然資源保全連合（IUCN1956年）資源と保全を利用に関する国連科学会議（UNSCCUR）世界野生生物基金（WWF）／アフリカ特別プロジェクト（ASP）／アルーシャ会議
第Ⅲ期 1962年~70年	環境革命：〈科学（生態学）的形態〉から〈反体制的形態〉へ〈新環境主義〉〈人間環境全体／行動的か〈政治的〉 ＊大衆の支持を得た新環境主義の台頭。（ほとんどの工業国で70年まで環境をめぐる革命が起きる（70年の「アースデー」で頂点）。長期にわたる経済成長・豊かな生活で人々は考える時間が増え、社会的な不公平や平和への脅威に憤りを覚えるようになった。 ＊政治経済体制の立て直しに忙しい日本や欧米諸国では、環境主義の到来が遅れる。	新環境主義／行動主義／豊かさ／先進工業国／レイチェル・カーソン『沈黙の春』／大気圏内核実験（放射性降下）／殺虫剤／石油汚染／公害（トニー・キャトー号事件／バーバラ沖事件「科学的確実性」国際生物事業計画（IBP）／生物圏会議1968年／軍縮運動／公民権運動／反戦運動／カウンターカルチャー／ヒッピー／地球の友／アースデー／宇宙船地球号

第1章　環境教育とは何か

期	年	内容	キーワード
第Ⅳ期	1970年〜86年	持続可能な開発：〈環境と開発と問題〉から〈開発過程としての環境問題〉へ ＊1968年に生態学研究の国際協力のための生物圏会議を開催。この会議を経て、科学的側面だけでなく政治・社会・経済的な問題に踏み込む必要性が確認される。国連人間環境会議の準備。 ＊途上国のゼロ成長哲学への懸念。→先進国の独善的「環境」視点から地球的な視点へ。国連人間環境会議の開催で各国の環境保護制度づくりがさかむ。UNEPの設立。 ＊国際人間環境機関（UNEP）の設立。UNEPの取り組みが政策決定集団の環境意思が制定されるが、不十分にしか機能せず。 ＊先進国で新しい環境行政機関（UNEP）の設立。 ＊新しい政治的な環境団体（NGO）の活躍が見られる。 ＊開発援助機関における援助計画の環境適合性の検討がはじまるが、開発政策に反映される。 ＊IUCNの内部変化、エコ・ディベロプメント／世界環境保全戦略書の作成。 ＊緑の党の出現。緑の政治は、〈既存の環境管理と世界観〉を超えて	SD概念は70年代中頃から現れる。最初に用語を使ったのは1980年のWCSの文書。「成長の限界」／「スモーリ・イズ・ビューティフル」／「西暦2000年の地球」／酸性雨汚染／モーリス・ストロング／バーバラ・ウォード／ルネ・デュボス／かけがえのない地球／国際環境問題研究所（IIEA）→国際開発研究所（IIED）／国連人間環境会議（ストックホルム会議／人間環境宣言／欧州環境事務局（EEB）／グリーンピース／ラムサール条約／世界遺産条約／ウィーン条約／モントリオール議定書／国連環境計画（UNEP）／キャンベラⅡ／フラⅡ／チェルノブイリ原発事故／世界環境保全戦略（WCS）
第Ⅴ期	1986年以降	環境問題の地球化：〈既存の環境管理と世界観〉を超えて ＊ストックホルム会議から環境と開発の問題に取り組み、1980年代を通じて、環境管理と経済発展の調和に関する論争が行われた。この間、政策における環境の位置づけら。しかし、政策と途上国と先進国の間であいかわらず隣たりがあった。このような状況の打開のために、国連総会で新たな委員会の設立が決議された。 ＊「環境と開発に関する世界委員会」の報告書において、これまでの環境政策の批判を行い、新たな提言を行った。それは、従来の持続可能な開発へのアプローチとは全く異なるものであり、これによって環境政策は新たな局面を迎えることになった。 ＊委員会はこれまでの政策が独自に取り組んだ成果は既存の環境への対応は異なる原因は異なる必要がある。 ＊この報告書の提言を受けて対策を講じるためには、これまでの国際経済構造を根本的に改革しなければならない。この改革の帰趨はいまだ不明である。 ＊国際持続可能会議（リオ＋20）の成果文書「我々が望む未来（The Future We Want）」を踏まえ、DESDの後継プログラムとして「ESDに関するグローバル・アクション・プログラム（GAP）」が採択された。	政府間組織（GO）／国連非政府組織（UNNGO）／「地球の未来を守るために」「グロ・ハレム・ブルントラント」／環境と開発に関する国連会議（UNCED＝地球サミット）／リオ宣言／アジェンダ21／気候変動に関する枠組み条約／生物多様性条約／森林に関する原則／地球温暖化防止条約／ヨハネスブルク・サミット／持続可能な開発のための教育の10年（DESD）／リオ＋20／ESDに関するグローバル・アクション・プログラム（GAP）／あいち・なごや宣言

J. マコーミック『地球環境運動全史』1998年より小栗有子作成、朝岡加筆。

に大きな影響を与えた。リオ宣言の第10原則において環境問題に関する「国民の啓発と参加」を促進・奨励することが規定され、アジェンダ21ではさらに第36章「教育、意識啓発及び訓練の推進」で「環境教育」の必要性が強調されている。

「環境教育（Environmental Education）」は、1948年の国際自然保護連合（IUCN）の設立総会で提唱された概念である。その後、アメリカ環境教育法（1970年）の強い影響を受けながら1972年の国連人間環境会議（ストックホルム会議）で再び提起された「環境教育」は、75年の国際環境教育ワークショップ（ベオグラード会議）、77年の環境教育政府間会議（トビリシ会議）などを経て、97年の環境と社会に関する国際会議（テサロニキ会議）での「持続可能性に向けた教育（Education for Sustainability＝EfS）」概念へと大きく変化してきている。こうした概念の変化が意味するものは、「持続可能性（Sustainability）という概念は環境だけでなく、貧困、人道、健康、食糧の確保、民主主義、人権、平和をも包含するもの」であり、「最終的には、持続可能性は道徳的・倫理的規範であり、そこには尊重すべき文化的多様性や伝統的知識が内在している」（テサロニキ宣言10）という広義の「環境教育」概念への拡張が図られてきたということである（**表1-1**）。

2002年に開かれた国連環境開発サミット（ヨハネスブルク・サミット）で提起された「持続可能な開発のための教育」（Education for Sustainable Development）という考え方が、環境問題に対する私たちの見方を少しずつ変えてきた。国連総会で採択された「国連持続可能な開発のための教育の10年」（DESD/2005〜2014年）を受けて、日本政府は「我が国における『国連持続可能な開発のための教育の10年』実施計画」（関係省庁連絡会議、2006年）を策定した。また、NGO「持続可能な開発のための教育の10年」推進会議（ESD－J）が活動し、環境教育や開発教育、平和教育、人権教育など幅広い分野から多くの団体・個人が参加してきた。こうした流れの中で地球サミットから20年目にあたる2012年に国連持続可能な開発会議（リオ＋20）が開催され、その成果文書として『我々が望む未来（The Future We Want）』が公表さ

第1章　環境教育とは何か

表1-2　環境教育の主な歴史

年	主な出来事
昭和23（1948）年	国際自然保護連合設立総会：「環境教育」の提唱
昭和47（1972）年	ストックホルム会議：人間環境宣言で「環境教育」の重要性を強調
昭和50（1975）年	ベオグラード会議：環境教育の目的と目標
昭和55（1980）年	世界環境保全戦略：「持続可能な開発」の提唱
昭和62（1987）年	ブルントラント委員会最終報告書
平成4（1992）年	地球サミット：気候変動枠組条約、生物多様性条約など
平成9（1997）年	テサロニキ会議：「持続可能性」概念の定義
平成14（2002）年	ヨハネスブルグ・サミット：「持続可能な開発のための教育（ESD）」の提唱
平成17（2005）年	国連・持続可能な開発のための教育の10年（UNDESD）の開始（〜2014年）
平成22（2010）年	生物多様性条約第10回締約国会議（COP10）開催（愛知・名古屋）
平成23（2011）年	東日本大震災・福島第一原発事故
平成24（2012）年	リオ＋20会議：グリーンエコノミーの提唱

出典：『環境教育指導資料【幼稚園・小学校編】』2014年に朝岡が加筆

れた（**表1-2**）。DESDの後継プログラムとして採択されたものが「持続可能な開発のための教育（ESD）に関するグローバル・アクション・プログラム（GAP）」（2014年）である。

　そもそもヨハネスブルク・サミットの正式名称（WSSD）やリオ＋20に「開発（Development）」という言葉はあっても、「環境（Environment）」という言葉が含まれてはいない。ここには日本を含む先進工業国と発展途上国との環境問題に対するとらえ方のちがいがあるばかりでなく、国際的には「持続可能な開発と貧困克服」の問題が緊急に取り組まれるべき全人類的な課題として認識されているという流れがある。こうした考え方を早くから提起してきた指標の一つとして、国連開発計画（UNDP）の「人間開発指標」がある。大切なことは、私たちがいま環境問題を考えるためには、開発や貧困、平和、人権などで社会的な公正を実現する視点を持たなければならないということである。

　また、持続可能な開発のための教育（ESD）は、教育の新たな領域をあらわすものではなく、既存の多様な教育実践からのアプローチが可能なものであると捉えられている（**図1-1**）。ESDはビジョン（未来指向性）をもった対話と参画を重んじる新しい教育のアプローチであり、組織・社会としての学びや状況的学習を重視するものであるとされている。また、その内容は地

15

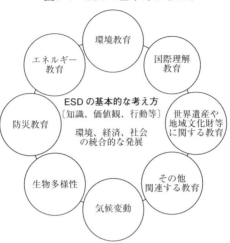

図1-1　ESDの基本的な考え方

出典：国立教育政策研究所教育課程研究センター
『環境教育指導資料【幼稚園・小学校編】』2014年

域の自然や社会・文化・歴史などの違いによって多様であり、地域の自己決定を重視すべきものであるともされる。

　こうしたESDの特徴は、「グローバリゼーション」と呼ばれる時代状況と深く結びつきながら生まれたものである。その起源を15世紀の大航海時代に求めることもできるが、この概念が一般的に使われだしたのは1990年代以降である。多様な意味やニュアンスをもって語られるこの概念は、①1970年代以降の情報革命（とりわけ1990年代のインターネット化）による情報化、②1970年代前半の変動相場制への移行を根源とする経済の金融化、③1980年代後半以降の情報・金融・軍事を中心としたアメリカが主導するグローバル・スタンダードの実現、などによって生まれたと考えられる。その結果として、ソ連・東欧の社会主義国家体制の崩壊を契機に経済のグローバル化や市場主義イデオロギーが急速に広がったと見られている。グローバリゼーションはインターナショナル（国際化）やワールドワイド（世界化）とは異なり、国や地域・文化の多様性を超えて自由に動く情報や資本、モノやヒトの流れに焦点を合わせた捉え方である。さらに、それを支える思想としてのグローバ

第 1 章　環境教育とは何か

リズムは市場的活動が共通化できるように、一国の社会構造そのものをグローバル・スタンダードに変えるべきだ（いわゆる構造改革）という発想をもっている。

2　環境教育は環境問題を解決できるのか【目的】

（1）おとなの「学び」としての環境教育の可能性

　日本における環境教育実践の多くが学校教育に偏しているように思われる。環境教育の目的をどのように設定するかにかかわらず、環境教育が何らかの形で環境問題の改善・解決につながることを期待されていることを考えれば、環境教育研究がもっぱら学校教育の領域で議論されていることに「限界」を感じざるを得ない。

　現代社会における諸問題の解決に教育がどのような役割をはたすべきなのかという視点に立つとき、「子ども」の教育学としての「発達（Development）の教育学」が人類・社会の問題の解決を次代に託す婉曲な方法であるのに対して、「おとな」の教育学として提唱される「主体形成（empowerment）の教育学」（鈴木敏正）は、課題の発見・解決を「当事者」である成人（市民）自身に求めるより直接的な方法であるといえる。日本では社会教育学（成人教育論）として蓄積されてきた「おとな」の教育学研究の到達点が、環境問題の解決・改善へと向かおうとする環境教育学にどこまで資することができるのか。さらに、そもそも教育は人類・社会が直面する諸問題の解決を目的とすべきなのかが考えられなければならない。

（2）「大衆運動の教育的側面」としての教育の意味

　「枚方（ひらかた）テーゼ」と呼ばれる大阪府枚方市教育委員会の『社会教育をすべての市民に』（1963年）には、「社会教育とは何か」に応えて「社会教育は大衆運動の教育的側面である」との規定がある。社会教育と大衆運動との積極的なかかわりをこれほど明確に表現した文書はない（小川利夫・

17

藤岡貞彦）。

　「枚方テーゼ」が発表された1960年代は、自治体の公民館職員集団が自ら
の実践を基礎に新しい公民館像・職員像を追求し、意欲的な実践が次々に生
まれた時代である。共同学習運動の停滞をのりこえて青年の「生産学習」と
「政治学習」を統一しようとした系統学習（生産大学・農民大学）、生活記録
による婦人学級、集落を基盤に自治意識を育てる公民館（自治公民館、ろば
た懇談会）、公害学習、社会同和教育の実践などである。これらの実践には
共通して、地域課題・生活課題に向き合う実践の中心に公民館主事の活躍が
あった。

　地域課題が政治的な課題とも深く結びつくため、それに正面から取り組む
社会教育職員に対する不当配転問題が頻発した。また、こうした実践と闘い
を背景として、社会教育と公民館に関するいくつかの新たなテーゼがつくら
れた。①はじめて「社会教育とは何かを、具体的かつ大胆に規定した点で画
期的な文書」と評価された「枚方テーゼ」（1963年）。②地域の中での公民館
主事と公民館活動の積極性を、教育専門職と自治体労働者という視点に立っ
て長野県飯田・下伊那地方の公民館主事集団がまとめた「下伊那テーゼ」（1965
年）。③そして、都市型公民館の原形を示し、東京・三多摩各地の実践を三
多摩社会教育懇談会が理論化した「公民館三階建論」（1965年）、のちの「三
多摩テーゼ」（1974年）である。1960年代の高度経済成長を背景に深刻化す
る地域問題に取り組む多くの住民運動が生れ、これと向き合うように社会教
育・公民館での学習実践がテーゼ化されてきたのである。

　ひるがえって1990年代後半に登場した新しいタイプの環境運動にも、住民
自身の学習が不可欠であった。日本で最初の住民投票を成功させた新潟県巻
町の原発住民投票に至るまでの経過を振り返ると、住民投票をすすめる運動
が多くの試練を経てきたことがわかる。こうした困難な運動を支えたのが、
「巻原発住民投票は、原発の賛否だけでなく、町民の意思を示す住民自治の
運動にまで発展している」、「住民投票では、単なる経済成長と浪費に頼った
日本経済のあり方に対して、巻町の町民が最初に答えを出すことになる」と

いう、地方自治や民主主義のあり方にかかわる「巻原発住民投票の意義」を多くの住民が自覚していたことである。しかしながら、住民投票やそれにつらなる住民の新しい環境運動において、公民館をはじめとした公的社会教育施設や職員との接点は極めて少ない。そこに「枚方テーゼ」で提起された「大衆運動の教育的側面」としての社会教育の役割が実践的に深められなかったという事実とともに、社会教育法第23条（公民館の運営方針）における政治的中立性の保持を楯に「不当配転」の圧力を受けてきた専門職員の苦悩の歴史を如実に示すものであるといえる。

こうして「枚方テーゼ」において「社会教育は大衆運動の教育的側面である」と提起されてから50年余を経て、いま改めて「大衆運動と教育」の関係について研究をすすめることが求められている。しかし、ここで社会変革における教育の役割について、より深い考察が必要となる。

（3）教育は社会を変えられるのか

1974年９月にパウロ・フレイレとイバン・イリイチは、世界教会協議会（World Council of Churches）に招かれて「意識化と非学校化への招待～対話は続く」と題するセミナーに参加した。フレイレは1970年に『自由への文化行動（Cultural Action for Freedom)』と『非抑圧者の教育学（Pedagogy of the Oppressed)』を刊行して世界に名を知られるようになり、イリイチも71年に『脱学校化社会（Deschooling Society)』を出版して大きな反響を呼んでいた。しかし、ふたりが提起した「意識化」や「脱学校化」という概念は「広まるにつれて歪められ、もともとの意味とは違った形で把握され、利用される」ようになった。こうした歪みを正すために、ふたりは出会わなければならなかったのである。

イリイチは社会変革に果たす教育の役割を、「もし教育が何かを変える、とすれば、それが変えたものを維持する場合にのみ、変える力をもつ」と断言する。社会の中で教育がもつことを許される変革の機能は、社会（あるいは権力）が求める変革に役立つ範囲内のことであり、社会が変わろうとする

ときにその変化を助長する限りでのものである。さらにイリイチは、教育が本質的に「『他人の中に学習が生産すべく』計画されている」ところにきわだった特質があるのであり、教育がなしうる「変容」は「変えたものの中でも正しい変容を維持する」ことであり、教育が「特定の学習価値の他律的な生産」として機能する限り、計画し変容する主体は社会にあると考える。フレイレもイリイチと同様に、教育を「現実を変革する挺子」と見なすことを批判する。このふたりの対話から考えなければならないことは、教育が社会（もしくは権力）によって生み出されたものであり、その本質的な機能は社会（もしくは権力）の維持にあるということである。フレイレが循環作用と呼んだ社会と教育の相互変容の過程では、一義的に社会が教育のありようを規定しているのであり、社会変革の挺子として教育が機能するのは「社会によって変えることを許されたものを維持する」という第二段階においてである。環境問題を改善・解決することを期待して環境教育実践を位置づけるときにも、これと同じ問題に直面せざるをえない。

「環境教育は環境問題を解決できるのか？」と問うたとき、環境教育学の主流となっている子どもを対象とした学校教育実践研究からは、本質的に環境問題を解決する環境教育の枠組みは出てこないであろう。そこにはそもそも教育学が社会変革を目的とすべきものなのかという原理的な問題を残しながらも、環境教育学が環境問題の解決に何ら役に立たないものと考える教育者や研究者はひとりもいないと思われるからである。環境教育への期待が強ければ強いほど、環境教育は環境問題を解決できるのか（教育は社会を変革できるのか）という問いはより切実なものとならざるをえない。

不定型教育（non-formal education）を基本とし、成人を主たる対象とする社会教育学には、社会問題と深く切り結ぶ教育実践の研究から社会変革に対する教育の役割を考えるいくつかの素材が蓄積されていた。「大衆運動と社会教育」に関する研究もそのひとつであり、「枚方テーゼ」で提起された「社会教育は大衆運動の教育的側面である」との規定をめぐる議論は、公的社会教育と呼ばれる自治体社会教育が住民運動（市民運動）とどのような関係を

築くのかという形で、社会変革に対する教育の役割をするどく問うものであった。教育は社会が許容する範囲でしか社会を変ええないものであるとすれば、教育は社会を変革しようとする市民の運動にどう向き合うことができるのか。「政治的介入を拒否した積極中立の立場での市民の自主的学習組織を無条件に援助し、条件整備する」(サポート・バット・ノー・コントロール)という原則に、ひとつの答えを見いだすことができる。

　また、環境教育が環境問題を解決することに何らかの形で有効であるとすれば、それは環境問題を解決しようとする市民運動や社会の動きにかかわる学習を「無条件に援助し、条件整備する」以外にはないのではないだろうか。「政治的介入を拒否した積極中立の立場」が環境教育の場においていかに大切であったか、公害教育や自然保護教育の実践の歴史が如実に物語っている。こうした社会(もしくは権力)との緊張関係を抜きにして、環境教育が環境問題の解決に資することができないことを社会教育の歴史は教えている。

3　環境教育の教育的価値とは何か【概念】

(1) 教育的価値と環境教育

　教育は社会変革の手段ではなく、「社会によって変えることを許されたものを維持する」という意味において機能すると説いたI・イリイチとP・フレイレを援用すれば、環境教育も環境問題を解決する手段(もしくは持続可能な社会を実現するための手段)ではなく、社会が環境問題を解決しようと動きだすとき(もしくは持続可能な社会へと変容しようとするとき)に、それらの動きを維持・発展させるものとして機能すると考えることができる。これを「人類は教育を通して、その社会の価値体系や慣習を次の世代に伝達し、社会の秩序を維持するとともに、教育による新しい世代の可能性の開花によって社会を発展させてきた」という二つの機能をもっている(堀尾輝久、1989年)と言い換えることもできる。つまり、教育は新しい世代の可能性を開花させることによって古い社会を変容させてきたということであり、その

ために教育実践は、権力的統制や外部からのどのような支配からも自立し、教育固有の論理（法則性）にもとづいて教育的価値の実現を志向するものでなければならないとされる。ここに、イリイチやフレイレが指摘する社会（あるいは権力）が求める変革に役立つ範囲内にありながらも、教育が社会変革に寄与することを可能とする「教育の自律性の原理」をみることができる。まさに、教育は社会変革の「手段」ではなく、社会を変革しようとする市民の「権利」である。

　その意味で、近代における科学と人権の思想、とりわけ「子どもの自然の発見」と「子どもの権利」の思想に支えられて、教育的価値の観点が成立したことは興味深い。そして、近代教育学が内包する「自然につく教育」の思想と「社会による教育」の思想の二律背反の現実とその統一への志向から、環境教育学が無縁であることはない。環境教育がどのような教育的価値をもち、それによってどのような人間を生みだそうとしているのかが問われている。

（2）「環境教育」の５つの潮流とESD

　一般的には、日本の環境教育実践の流れに、「公害教育」をルーツとする社会的公正を重視する流れと「自然保護教育」をルーツとする自然環境の保全を重視する流れがあり、地球サミットと前後してグローバルな視点から環境教育を位置づけようとする動きが顕著となってきたといわれている。そのうえで日本の環境教育に大きな影響を与えてきた20世紀の環境教育学研究の流れを、①公害教育系、②自然保護・野外教育系、③学校教育系、④持続可能性に向けた教育（EfS）系、⑤地球環境戦略研究機関（iGES）系、の５つのグループに区分し、その代表的な主張をみることで日本における「環境教育」概念の特徴を整理することができる。

①公害教育系

　公害教育系は、日本教職員組合教育研究集会「公害と教育」分科会（1971年）で蓄積されていた学校教育現場での教師たちの実践交流の成果を踏まえ

第1章　環境教育とは何か

て、「公害と環境」教育研究会（のちに「地域と環境科学」研究会）を中心
とした研究者と教師が担い手となっている。その主張の特徴は、公害問題を
出発点として住民運動と結びついた学習・教育を志向し、「権利としての教育」
を基盤に教師の役割や可能性を重視しているところにある。「公害と環境」
教育研究会（環教研）の代表的な研究者のひとりである福島達夫は、「人権」
に根ざす教育として公害教育を理解し、環境教育にも「人間の生き方を問う
ひろい人間文化に支えられた人権（ヒューマン・ライト）の教育」と「すべ
ての生き物がつながりあい、支えあってきていることを学ぶ教育」とのふた
つの性格があると定義している。さらに、社会教育学者である藤岡貞彦（1998
年）は、「先行する成人世代が、環境問題に直面してそれを直視し、成長世
代とともに『自然』と『地域』についての学習を作り直すしごとであり、そ
の教育目標は“環境権認識の確立”にある」と規定することで、福島が「人権」
と捉えた概念を「環境権」に特定し、環境教育が成人（市民）による「環境
権認識」の過程でもあることを明らかにした。水俣病の授業を自ら実践し「公
害教育を環境教育の原点とする」と考える田中裕一（1990年）も、環境教育
が「基本的人権を基軸に、公害から学んで環境問題へのアプローチをするこ
と」であると定義する。このように公害教育に発する環境教育の概念は、環
境問題を引き起こした人間社会のあり方を科学的に認識するとともに、「人権」
「環境権」という視点から環境と人間との関係がとらえ直されているところ
に大きな特徴がある。

②自然保護・野外教育系

　自然保護・野外教育系は、いわゆる「自然保護教育」の流れともいえるが、
屋外でのレクリエーション活動を含む「野外教育」と呼ばれる実践とも深く
結びついて発展してきた。日本自然保護協会の設立（1951年）を契機に自然
観察会や指導員養成講座が行われたほか、ここからナチュラリスト協会（73
年）、日本ネイチャーゲーム協会（現・日本シェアリングネイチャー協会）
などの環境教育NPOが生まれ、清里環境教育フォーラム（87年）、日本環境

23

教育フォーラム（92年）のように環境省と深いつながりのある自然保護教育が模索されてきた。また、「自然が先生全国集会」（96年）を契機に現在の文科省生涯学習政策局とのつながりが強化されており、自然体験活動推進協議会の設立（2000年）のように社会教育法「改正」（2001年）による自然体験活動の事業化や環境の保全のための意欲の増進及び環境教育の推進に関する法律（環境教育推進法／2003年制定、2011年改正）の受け皿となることが期待された。自然保護教育の流れを代表する研究者として、「琵琶湖の番人」と呼ばれ琵琶湖環境訴訟でも証言した鈴木紀雄（2001年）が環境教育を「現実の家庭生活・学校生活・社会生活の中で体験を通して環境の問題を学んでいき、実践を通して問題を解決していく力を涵養すること」と規定していること、沼田眞のもとで長年スタッフとして活動してきた林浩二（1999年）が「『私』にとって抜き差しならない環境問題と切り結ばれた教育実践」と述べていることに注目したい。ここでも、「自然生態系」そのものに限定するのではなく「ヒト」や「人間社会系」との関係性（鈴木）、『私』との「抜き差しならない」関係（林）が環境教育に不可欠のものとして位置づけられているのである。

③学校教育系

　学校教育系は、文部科学省（初等中等教育局）を中心に、旧文部省官僚出身者やそれと関係の深い研究者・教員が、「環境教育指導資料」（1991年）の作成（2007年に小学校編、2014年に幼稚園・小学校編を改定）をひとつの転機として学習指導要領にもとづく「総合的な学習の時間」や学校と地域の連携による環境教育実践の提起を行っている。こうした動きは、「環境教育指導資料」の改訂や学校教育への自然体験活動の導入などによって、ESDや幼少連携など新しい展開の可能性を持っている。文部科学省初等中等教育局視学官の経歴をもつ奥井智久（1998年）は環境教育を「人類が子々孫々に至るまで生存し続けるための教育」「環境や環境問題に自ら関心をもち、人間活動と環境のかかわりについて総合的に理解し、環境の保全に向け、主体的に

責任ある行動がとれる」教育であると規定し、東京都立教育研究所指導主事や都内の小学校校長を歴任した塚野征（1996年）は環境教育を「まわりの環境に対する豊かな感受性や見識を育てる」と特徴づけている。他方で、東京学芸大学や日本女子大学で教科教育との関連で環境教育学研究をすすめてきた佐島群巳（1993年）は、「子ども自ら環境へ積極的に対応し、社会参加と貢献の活動の学習を推し進めるような『環境形成者』の育成」を環境教育の主眼とする。また、理科教育を専門とする北海道教育大学の田中實（1997年）は、「環境教育の基本的な問題とは、人間・社会の活動度の飛躍的な発展によって、生態系における各種生物の地位が乱されたり、非循環物質の生成により発生した諸問題を、時間の流れ（歴史的視点）のなかで認識し、その問題の解決のために人間のあり方を迫っていくことといえる」と規定した。

④持続可能性に向けた教育（EfS）系

持続可能性に向けた教育（EfS）系は、地球サミット以降に多用されてきた「持続可能な開発」概念の内在的な批判として「持続可能性」という概念が提起され、テサロニキ会議（1997年）が「持続可能性に向けた教育」を提唱したことにはじまる。それは、産業社会の「支配的なパラダイム」を「新しい環境パラダイム」へと転換することを教育上の価値として積極的に位置づけようとするのである。「新しい環境パラダイム」への転換に果たす環境教育の役割を強調する原子栄一郎（1998年）は、「環境教育は『ただの教育』ではなく、『environmentalな教育』」であり、「industrial educationと呼ぶことができる『ただの教育』に対して、環境を原理とする教育がenvironmentalな教育、環境教育である」と定義する。

⑤地球環境戦略研究機関（iGES）系

地球環境戦略研究機関（iGES）系は、環境庁企画調整局（現環境省総合環境政策局・地球環境局）が所管する政府が出捐して設立された団体であり、アジア太平洋地域における環境保全戦略の一環として環境教育を環境メディ

ア・リテラシーなどの視点から研究してきた。ヨハネスブルク・サミットで「国連・持続可能な開発のための教育の10年」（DESD）への動きがはじまったことで、持続可能性に向けた教育（EfS）系の理論を組み込みつつ、実践的にも人脈的にもこの流れがどのように発展したのかが問題となる。その意味で、「持続可能な開発のための教育の10年」推進会議（ESD-J）の代表を務める阿部治（1993年）が、環境教育は「人々の視野を広げる活動」であり、「基本的には公共意識を高めていくことだと考えている」こと、「多様なコミュニケーションを用いて、他者とのつながりや関係を意識化し、よりよいものにつくり変えていく営み」であると規定していることは興味深い。

　ここまでみてきたように、「環境教育」概念をめぐる議論は基本的には「持続可能性（Sustainability）」概念が提起されることで、「環境だけでなく、貧困、人道、健康、食糧の確保、民主主義、人権、平和をも包含するもの」として広義の「環境教育」概念への拡張が図られてきた。そうした視点からみたとき20世紀の日本の環境教育研究を構成する五つの潮流が規定する「環境教育」概念は、その流れを支持する基盤の性格の違いによって微妙なニュアンスの違いをもっているといわざるをえない。問題は、これらの潮流のなかでそれぞれ提起されている「環境教育」概念がどこに収斂していくのかということである。その鍵を握るのが、「持続可能な開発のための教育」（ESD）と環境教育との関係をどのようにとらえるのか、ということであろう。その意味で、DESDの終了を受けて文科省と環境省の共管で開設されたESD活動支援センター（2016年／センター長・阿部治）の役割が期待される。
　しかし他方で、東日本大震災と福島第一原発事故（2011年）によって、環境教育やESDに関する私たちの捉え方に大きな転換が求められている。環境教育には、グローバリゼーションと東日本大震災・原発事故という二つの要素に〈向き合う〉教育のあり方としても、ESDへの発展が求められている。私たちがいま〈3．11〉と呼ぶものが、この災害が引き起こした多くの生命・財産の喪失とそれに向き合う私たちの姿勢を問うものであることは明らかで

あろう。〈3．11〉と教育との関係を考えるうえで、少なくとも三つの問い
に向き合わなければならない。①なぜ東日本大震災によってあれほど多くの
犠牲者と被害が生まれたのか。②私たちは東日本大震災によって失われたも
のとどのように向き合うべきなのか。③どのように東日本大震災とこれから
起こりうる大規模災害を次の世代に伝えていくのか。こうした課題に応えよ
うとする教育実践を「〈3．11〉と向き合う教育実践」ととらえたい。多く
の学会や教育関係団体が「向き合う」努力を進める中で、震災によって引き
起こされた原発事故に大きな衝撃を受けた組織の一つが日本環境教育学会で
あった。この学会は、東日本大震災の教訓を捉え返す試みの中で、『東日本
大震災後の環境教育』（学会年報第1集、2013年、東洋館出版社）及び『授
業案　原発事故のはなし』（国土社）を刊行し、2016年度以降には「原発事
故後の福島を考える」プロジェクト研究を発足させて継続的な調査活動を開
始している。

（3）環境教育と二つの「人間原理」

　環境教育における教育的価値の探求は、近代教育学が前提とする、人間が
「自然的存在」であるとともに「歴史的・社会的存在」であり、「自然に働き
かけ、これを変える行為の主体」である、という人間観から出発せざるをえ
ない。それは、「我々はどこから来たのか　我々は何者か　我々はどこへ行
くのか」（ゴーギャン）という問いが、環境教育概念の基礎にすえられなけ
ればならないことを意味する。

　アストロバイオロジー（astro-biology）の視点から松井孝典（2003年）は、
約1万年前に人間が農耕牧畜をはじめることで「人間圏をつくって生きる生
き方」（＝文明）をはじめたことが地球システムの構成要素を大きく変える
契機となったと指摘している。それは同時に、「宇宙から見て我々の存在が
見える」という事実からの出発であり、「天体としての地球が我々の認識の
中に入ってきた」「地球が一つのシステムとして見える」ということを意味
する。まさに「学問的な意味まで含めて宇宙から見て『見える』ということ

の意味を考えてみる必要がある」ということを前提に、「宇宙人としての生き方」がわれわれ人類に問われており、「人間圏をつくって生きる我々とは何か」を問う「地球学的人間論」が求められているといえる。

　こうした問いかけを含む宇宙を理解する視点は「人間原理」（anthropic principle）と呼ばれている。人間原理とは、（この）宇宙の自然法則や物理定数が人類のような知的生命体を生み出すために必要な条件を満たしているという状況を説明するものである。それはまた、「人類が生まれるための12の偶然」（眞淳平、2009年）と呼べるものでもある。①宇宙を決定する「自然定数」が現在の値になったこと。②太陽の大きさが大きすぎなかったこと。③太陽からの距離が適切なものだったこと。④木星、土星という二つの巨大惑星があったこと。⑤月という衛星が地球のそばをまわっていたこと。⑥地球が適度な大きさであったこと。⑦二酸化炭素を必要に応じて減らす仕組みがあったこと。⑧地磁気が存在していたこと。⑨オゾン層が誕生したこと。⑩地球に豊富な液体の水が存在したこと。⑪生物の大絶滅が起きたこと。⑫定住と農業を始める時期に温暖で安定した気候となったこと。

　他方で、堀尾輝久（1989年）がいうように、教育は1人の子どもの能力の可能性を全面かつ十分に開花させるための意図的営みであり、教材を媒介として子どもの発達に照応した学習を指導し、発達を促す営みである。そしてそのことを通して社会の持続と発展をはかる社会的営みである。ひとりひとりの人間が一定の社会と文化のなかで成長・発達しつつも、類としての人間が自然や社会に働きかける（労働する）ことで自らを変容させてきた、という事実を「発達の相」としてとらえることも重要である。その発達の視点は、「発生（genese）とともに、構造（structure）への着眼、構造化と再構造化（restructuration）の過程への着眼」を含んでおり、その全過程を通して「人格もまたつくられていく（construction）」と考えられる。つまり、教育学が人間の人格とその発達の過程を明らかにする学問である限り、人間という「もう一つの人間原理」を併せてもたざるをえない。

　ここに環境教育に固有の教育的価値を構成する二つの「人間原理」をみる

ことができる。「環境教育は環境科学の基本的な概念や法則をすべての子どもにやさしく教える環境科学教育である」との立場から、これに近い枠組みで「環境教育」概念を提起しているのが高村康雄（1996年）の「環境科学教育の体系」であろう。

4 環境教育はどこに向かうのか【評価】

「環境教育」は、自然環境の有限性に注目し、自然破壊を防ぎ、自然との調和に基づく、人類の恒久的存在を探求する教育、及びそのための行動の主体を形成する教育であると一般的に理解されている。狭義の環境教育が自然保護教育や公害教育などを指すのに対して、いま提起されている持続可能な開発のための教育（ESD）は開発教育・平和教育・人権教育・ジェンダー教育・福祉教育などを含む「総合科学」の体裁をもつものである。この“総合科学”としての持続可能な開発のための教育（ESD）の創造という枠組みのなかに、これからの環境教育学がめざすべきひとつの道が指し示されているといえる。もともと総合科学を構成する個別科学には、それに固有の研究対象と研究方法、評価体系とが存在する。とりわけ、各科学に固有の評価体系に関して、応用科学における「有用性」、基礎科学における「真理性」、社会科学における「妥当性」などとおおまかな方向付けがなされているものの、環境教育学がどのような評価体系をもつのかが問われる。

それは、環境教育学が「狭義の個別科学」の枠組みを越えて「総合科学」として発展することを求められているとともに、総合科学として研究成果を価値づけ、研究を方向づける独自の評価体系を確立することが求められていることを意味する。こうした環境教育学における新しい評価体系を確立するうえで、狭義の環境教育学が主に依拠してきた「有用性」だけでなく、基礎科学の「真理性」、社会科学の「妥当性」を視野に入れた、より総合的・体系的な評価体系の構築が求められている。いま、環境教育の機能及び役割として限られた地球環境を持続的・共生的に活用するという側面が注目されて

いるなかで、「有用性」「真理性」「妥当性」などの多様な尺度をもとにした環境教育及び環境教育学研究の評価体系の確立が課題となっている。

さらに、私たちが約1万2000年前に西アジアの地中海東岸部において人類が最初の「農耕」を開始したことによって、地球史上はじめて「人間圏」と呼ばれる特異な生態系を生み出したことの意味をどのように理解するのか、という問題にいま直面しているといわざるをえない。ここに、今日の地球環境問題の起源があるとともに、私たち人類が「ヒト」として環境に働きかけ、それによって進化（進歩）を遂げてきたという事実があるからである。このような視点に立つとき、「総合科学としての環境教育学」はまさにいまもっとも緊急性と重要性をもつ科学であるといえる。

また、私たちに「豊かさ」や社会的な格差をもたらす科学や技術、「人間らしさ」（Humanity）にも思いをはせなければならない。子どもたちが「幸せ」になるためには、まずその親やおとなたち自身が「幸せ」にならなければならない。「幸せ」という主観性をともなう概念であっても、その対極にある戦争や差別、貧困、災害、破壊された環境など「不幸」をもたらす客観的な条件を一つずつ取り除くことでみんなの「幸せ」が実現できるはずである。しかし、現実には子どもたちを取り巻く「不幸」の条件が無数にあり、環境問題で重視される世代間公正という視点にたつとき子どもたちに対する「負の遺産」があまりにも多いといわざるをえない。ユニセフ（国連児童基金）は「中東・北アフリカ地域で2,100万人以上の子どもが学校に通えない状態にある」「毎日4,000人の子どもが汚染された飲料水や下水など衛生設備の未整備による病気で死亡している」と指摘し、さらに津波によって史上最大規模の犠牲者を出したスマトラ沖大地震でも震災孤児たちが人身売買や児童労働の対象となっていると警告した。教育や生活環境の不備が「貧困の連鎖」を生むように、科学・技術や「人間らしさ」への真摯な問いかけを忘れた「豊かさ」もまた、子どもたちへの大きな「負の遺産」となる。ここで私たちは改めて、環境教育の意味や目的を問い直さなければならない。

第2章　子どもと環境教育
—学校環境教育論—

大森　享

1　源流としての公害教育・自然保護教育

　戦後の一時期を除いて、「法的拘束力のある」学習指導要領・検定教科書・各種研究指定校制度・研修制度などを通して制度化された「学校知」は全国に行き届いた。それらに対抗する形で、教職員組合の教育研究運動と民間教育研究運動が発展してきた。この対抗軸は、諸外国には見られない日本独自の学校教育をめぐる特徴の一つである。

　ここでは、制度化された「学校知」に対し、教職員組合運動に結集する教師群が子どもの命と暮らしを守り学習権を保障するために、また地域住民運動と手を結びそれらを励まし学んだ公害教育の成立を日本の学校における環境教育の源流とする。

　公害教育は、「内容知」や「行動知」を内包した、系統学習論からは出てこない（藤岡貞彦、2001年）いわば「生活知」としての側面から登場した。そして、学校の環境教育が、子どもの学習権保障と命と暮らしを守る、止むに止まれぬ教師の取り組みとして発生した公害教育を源流としていることを押さえておきたい。

　例えば、田中裕一による授業「日本の公害－水俣病」（1968年）は、水俣病の原因である企業・企業を規制せず放置した自治体や政府の問題など、社会の構造を冷徹に見抜く社会科学とその差別と人間疎外を見抜く人権学習を重視した。

　田中も述懐したように、中学生弁論大会における「10円玉の小さな親切（募

金運動）によって、（私たちは）大きな不親切を見抜けなかった」との発表に対し、平和的民主的国家を形成する主権者として成長する子どもたちの本当の学力を保障することの自覚であった。

　これら教職員組合運動に結集する教師たちの公害教育実践などと、全国各地の公害反対運動のうねりは、1971年4月から、学習指導要領・同指導書および教科書の手直しと、自治体教育委員会による公害副読本づくりを生み出し、「制度知」として公害教育が全国に広まっていくとともに、「官許公害教育」（日教組、1971年）という「もうひとつの公害教育」（高橋正弘、1998年）も登場した。

　公害教育実践には、差別と人間疎外の構造を解明する自然科学と社会科学の大切さ（科学論）、地域住民と手を結ぶ教師の姿勢（地域に根ざす教育論）、生活と科学と教育の結合（教授＝学習論、教材論）、地域住民運動による地域づくり（地域住民自治論）、地域再生と子どもの参画（子どもの権利・発達論）、公共性の見直し（公共性と住民参画論）、生存権や幸福追求権を軸に形成されてきた新しい社会権としての環境権の学習を通して環境問題の実相を映し出すという環境問題の本質的課題の構造解明に通じる環境権認識の重要さを生み出したことなど、現在の環境教育実践が引き継ぐべき教育的価値が散見される。

　一方、1960年代、学校外教育で自然保護教育という概念が日本では形成されつつあった。神奈川県三浦半島で誕生した「三浦半島自然保護の会」（1955年結成）は、自然を守るために採集ではなく自然を観察するという方法論と生態学的自然の見方による自然のつながりを学び、自然への接し方を身につけることをめざした。すなわち、生態学的自然観による自然理解と、その方法論としての自然観察会（身近な自然に目を向ける、自然の仕組みを理解する、フィールドマナーを養う）の普及であった。「三浦半島自然保護の会」設立に関わった金田平と柴田敏隆は、日本自然保護協会で自然観察会・自然観察指導員養成に携わった。「これら生態学的見方の普及を中心とする活動は、自然保護の基礎をなす自然理解という位置づけから自然保護教育と呼ばれる

ようになった」（小川潔、2002年）。この生態学的自然観は、要素還元主義によるデカルト以来の近代自然科学を見直す契機となり、人間も生態系の一員として、他の生物との相互関係の中で生きているのであり、その自然なしには生きていけないという自然観を普及させ、自然破壊に対し生態学的環境倫理観を確立した。アルド・レオポルドらの思想・哲学から始まりクリストファー・ストーンの自然の権利訴訟への流れとほぼ同時代に日本でも同様な生態学的環境倫理観が誕生した。

　自然保護教育実践には、自然を全体として“つながり”として見る生態学的見方（生態学的自然観）、その方法としての自然観察（自然接触や野外教育の教育方法論・自然認識論）、自然の権利訴訟、自然を保護する人間社会の枠組みの発展（人と自然の共存論）など、現在に引き継ぐべき教育的価値が散見される。その教育的価値は、例えば、理科教育での生態系概念の学習・野生生物を教材とした学習・自然の観察として重要といえるが、「制度知」として十分取り上げられてきたとはいえず、自然保護教育に関心を持ち精力的に取り組む教師によって学校教育に反映されてきた。

2　学校における環境教育の流れ

　日本において用語としての「環境教育」は、70年代前半あたりから使われはじめ、1980年代初頭、徐々に日本の公害教育は下火となり、環境教育への転換が始まっていった。そこには、公害終息宣言ともとられる環境庁の「一時の危機的状況を脱した」（環境白書、1981年度から84年度）という報告の影響があった。しかし、2004年現時点でも、未だすべての水俣病患者の認定を目指す訴訟は行われている。また、地球温暖化や大気汚染の一つの原因としてのクルマ社会は、企業利益を優先し、日々の生活に関わる公共輸送手段である電車・路面電車を廃止し、公共事業として道路建設を促進した政府財界主導の政策によって生じた公害であり、消費者にはクルマ社会選択の余地しか残さない状況を生み出しておきながら、そのつけを利用者としての国民

におしつけ「一億総ざんげ」する風潮は、公害教育の教育的価値である社会を構造的に科学的に認識し原因追及することからも捉えなおさなければいけない状況である。「一人一人の心構え論」とともに、その認識への批判的視点は重要である。

　公害をもたらした日本社会の差別構造は、アジア諸外国における人権破壊を伴い公害輸出として拡大され、全地球レベルへと深刻化したのであり、公害は決して終息してはいない。ただ、先進諸国・地域からは見えにくく、消費者に責任を転嫁するレトリックが加わり、複雑で認識しづらくなったのであり、公害教育の教育的価値を受け継ぎ、化学物質による環境ホルモン問題などに対するより科学的で、南北問題など地球規模を視野に入れた新たな枠組みの環境教育が必要とされている。

　また、20世紀に始まる急激な野生生物の絶滅は、自然保護教育としての生態学的自然観の持つ積極性に光を当て、生態学的環境倫理観に基づく環境教育を要請する。この点に関わり、小原秀雄の諸論考と「野生生物保全論研究会」の運動と研究がある。

　世界の環境教育は、「持続可能な開発（SD）」概念から「持続可能な開発のための教育（ESD）」へとその模索は続いている。そこには、環境への負荷の低減・循環を基調とした社会・生態系の維持・自然との共存というような持続可能な社会実現のための価値観とそれに基づき社会を創っていく一人一人の主体的行動（単に個人的生活スタイルの転換だけでなく、それを規定している社会のシステムを転換する主権者としての政治参画）が読み取れる。環境教育の領域概念を、平和・人権・民主主義・貧困・人口・食・健康など豊かに広げている。ここで、再度確認したいことは様々な「現象を並列的に羅列するなら、環境教育は秩序なき教育となり、本質的課題の構造解明を見失う」（田中裕一、1993年）ということだ。社会と人権の差別的構造の解明と克服という視点からのみ公害問題の本質が浮かび上がる、という公害教育が到達した教育的価値にあらためて着目する必要があるだろう。

　2002年度、完全実施された「総合的な学習の時間」は、既に「教育課程検

討委員会報告書」（日本教職員組合、1976年）で「総合学習」として提起されていた。また、四日市ぜんそくを公害教育として取り上げた多田雄一（1985年）は「国民的課題の一つである公害問題に対して教育実践を創造するときにもっとも重要な課題は、…その地域の実情に応じた総合学習の内容構成を行い、実践を総合的に展開することである」と述べ、総合的で自主的な教育活動を提起していた。この「総合学習」と「総合的な学習の時間」は似て非なるもので、目的・性格・内容は全く違っているという指摘がある。「総合的な学習の時間」の実施にあたり「各学校は、地域や学校、児童の実態などに応じて、横断的・総合的な学習や児童の興味・関心などに基づく学習など創意工夫を生かした教育活動」「例えば、国際理解、情報、環境、福祉、健康など…」「自然体験…社会体験、観察・実験、見学や調査、発表や討論、ものづくりや生産活動などの体験的な学習、問題解決的な学習を積極的に取り入れる」「多様な学習形態、地域の人々の協力…地域の教材や学習環境の積極的活用」（学習指導要領総則）と文部科学省は述べている。「総合的な学習の時間」を軸に各教科・道徳・特別活動を組織する環境教育実践の可能性が広がろうとしたとき、「低学力批判」によって、遠山文部大臣（当時）の「学びのすすめ」が提言され、教育現場では、反復習熟を中心とした基礎学力重視に揺れ動いている。その後、中山文部科学大臣は「総合的な学習の時間」の削減と生活科の見直しを示唆する発言をしている。

　これらに対し、「『東アジア型の教育』の復古主義的な“勉強”の世界に回帰する」ことはなく「本質的なテーマを中心に深く協同的に探求し学びあう」（佐藤学、2001年）ことが世界の教育改革であるという主張がある。

　脱工業化社会に対応する教育の模索として、生活科・「総合的な学習の時間」へのカリキュラム変更は、不十分さを内包しつつ世界的な流れとしての学校改革の一環として捉え、検討していく価値はある。21世紀の教育改革を支える教育的価値のひとつとして「環境学習がコアカリキュラムとなる日」（藤岡貞彦、1989年）は夢ではないだろう。

3 学校における環境教育その未来

　小学校での環境教育を行うにあたり、そのポイントについて、実践事例を基に考察していきたい。取り上げる実践事例は、『小学校環境教育実践試論－子どもを行動主体に育てるために』（大森享、2004年）から引用した。

（1） 子どもを行動主体に育てる

　環境教育は、その教育を通して子どもの人格形成にどのような影響を及ぼすのだろう。

　環境教育を通じてどのような人格形成をめざすのか、という問題は十分検討しておく必要がある。例えば、空き缶拾いをするとき、子どもなりに授業を通じて自分たちのやる行動を読み解き、そのことによって行動の主人公になっている場合と、ただ教師にいわれたからやっている受動的な行動では、同じ行動に見える現象でも子どもの人格形成に及ぼす影響はまったく違う。

　ここでは、環境教育における子どもの人格形成にかかわる重要な要素として、子どもの自主的主体的な行動を促し、子どもを行動主体に育てることを挙げたい。子どもが主体性・当事者性をもって能動的に物事に立ち向かい、解決していく態度と行動を育てることは、「行動力の育成」（ベオグラード憲章）「主体的に参加し環境への責任ある行動がとれる」（「環境教育指導資料」文部省、1991年）や、意見表明権と社会参加権などを中心的権利の行使として捉える子どもの権利条約からも、また、平和的な国家・社会の形成者として子どもを育てることからも、環境教育実践を検討する視点となる。指導援助を前提とした権利主体の子ども観、子どものパワーを信頼し引き出す指導援助、子どもの社会参画を促す学校地域社会の合意形成、政治的教養の教育などを重視することが大切である（**図2-1**）。

第2章 子どもと環境教育

図2-1 小学校環境教育実践構造試案図―子どもを行動主体に育てるために―

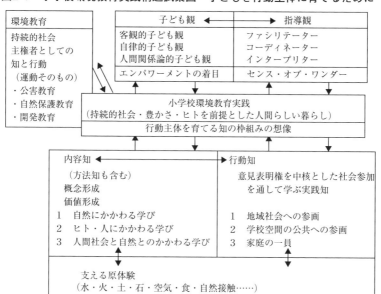

(2) 環境観を育てる／環境計画を生み出す／環境権を学ぶ原体験

　子どもたちが生涯に渡り学び続け行動できる思考と行動の枠組みを育てることが大切である。

　そのための環境観を育てる取り組みが第一に挙げられる。ここでは、まず実践事例から、環境観をめぐる価値観について検討する。次に、環境教育の目標である行動できる知恵と力と技をどのように育てるのかという問題から、環境計画を生み出し・環境権を学ぶ原体験という指標を提案したい。認識として子どもたちに伝達されていく知（＝内容知）とともに、行動主体として行動することによって身に付ける実践知（＝行動知）という両者の知の枠組みが必要である。社会システムの変更に関わる政治参画を環境教育が視野に入れるならば、行動知を学ぶための「環境計画を生み出す／環境権を学ぶ原体験」という取り組みは、今後ますます重要な指標となるであろう。

　まず「環境観を育てる」実践事例として総合学習五年生「トンボ探検隊が

行く」(1995年度) を取り上げる。都立尾久ノ原公園に「トンボ公園」を設置させた力としての住民運動を子どもたちが学んでいった実践記録である。この実践は、「トンボ公園」を生み出した住民運動を教師が知り、そこに教育的価値を見出し、子どもの学習過程を組織したといえる。水銀垂れ流しなどを起こし移転した旭電化工場跡地 (＝現都立尾久ノ原公園) に対する住民運動が発見した環境観は、当時「23区で一番高い人工の山を造ろう」「早稲田大学を誘致しよう」「高層ビルを建設しよう」というような観方ではなく、放って置かれた跡地に自然が蘇り、その自然を「トンボの楽園」として残してほしいというトンボのいる下町の原風景の発見とその共感に根ざしたものであった。住民運動は、跡地の生物観察を記録し貴重なトンボの生息地であること、トンボが荒川高水敷 (河川敷) の水溜りを伝わって飛来すること・旭電化跡地の風景は、江戸時代に通じる下町の原風景であることを発見していった。この環境を残し、市民や子どもたちの憩いの場・環境を学ぶ場にしたいという思いが住民運動の原動力であった。住民運動が発見したこの環境観を多くの市民に知らせる活動とともに、区・都議会に向けて請願や署名運動を展開した。

　環境をどう観るかによって、その行動は左右される。子どもたちとともに学び、どのような環境観を育てていくのかが、教師には問われている。子どもたちの環境観を育てることは、小学校環境教育の重要な土台といえる。実践事例では、子どもたちが「荒川区にもこんな自然がいっぱいの公園があったのか。荒川区ではないみたい」「自然で遊ぶことは楽しい」「土と水が大切。いらないコンクリートは剥がせばいい」「トンボもたくさんの苦労をして生きている」という環境観を形成する要素を学んでいる。これらは、環境認識を育てる教科教育での系統性順次性を持った授業と連携しながらより深められていった。

　①食物連鎖の土台としての土と水の大切さ、②不要なコンクリートは剥がすという人の生活優先ではない生態系を優先した考え、③自然再生にあたり一定の人の関わりは必要であるが、自然の力に任せる観方、④生物にはその

第2章　子どもと環境教育

生物固有の生き方（暮らし方）があることを知り生物多様性保全のため多様な景観・環境を保全するという考え方、⑤都市化された空間でも人の社会的運動によって緑と生き物いっぱいの「トンボの楽園」を生み出せる——もちろんそこには自然自身に蘇る力が残っていることが前提——という主権者としての行動が地域環境を変えていく／地域環境は住民の政治参画を通して改変可能だという観方、⑥多様な生物がいると楽しいという高等哺乳動物としてのヒトの育ちにかかわる重要な感性——この点は、「自然が不自然」という感性が現れていることを考えると大切なことである——などを学んでいった。特に、⑤に関わり、地域環境にはその環境を支えた地域の力や政治が存在すること、すなわちどんな力がどのような環境観に基づいて今ある環境を生み出したのかを問うことや、逆に将来どのような環境をどのように生み出すのかという学習を組織する大切さを強調しておきたい。これは、環境権認識や環境権行使を学ぶ原体験ともなる。

　さらに環境観を構成する要素について検討したい。佐島群巳（2002年）は「環境教育での内容分析の視点」として「共生、生態系、循環、均衡、有限性、保全性、価値、倫理」を挙げている。「すみだ環境学習プログラム」（村瀬・三石・大森、2003年）では、「持続可能な社会の実現」のために「環境の負荷」「循環・再生の仕組み」「自然生態系バランス」「資源の有限性」「もののルーツと環境時間」の5点を挙げている。このプログラムでは「環境への負荷」というキー概念を中心にした学習やヒトから人への進化を前提に、社会的存在としての人・生態系の一要素としてのヒトという二側面から捉える人間学習を提起している。

　他にも「システム、時間・空間、相互依存、閉鎖系、有限性、循環、平衡、変化、生命、社会システム、地域、経済、文化、人口、国土、資源・エネルギー、食料、環境問題、環境倫理」（国立教育政策研究所、1997年）がある。この実践事例には、トンボとの共存、土と水の着目や自然は自然を作るという生態系・循環に通じる要素、トンボにはトンボの生き方があるという生物多様性に通じる要素、トンボ公園を生み出した住民運動の力という保全性を

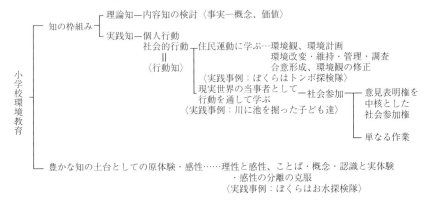

図2-2 行動主体を育てる小学校環境教育の知の枠組み

考える要素、こんな公園がいいとか自然を守ることは大切という価値・倫理に通じる要素、などが散見される。

　環境観は、科学的な調査活動に代表される主に知的認識にかかわるものと、心地よさとか怖さとかに代表されるような感性的認識にかかわるものとによって形成されていく。両者は分離されて子どもたちに作用されるのではない。子どもたちの活動によって両者の及ぼす影響に違いが生じるだけである。子どもたちの原体験・原風景は環境観に影響を及ぼす重要な要素となる（図2-2）。

　小学校環境教育実践では、子どもたちにどんな方法でどのような環境観を育てていくのかが問われている。そこに欠かせない要素として、公害教育から抽出された教育的価値であり、「持続可能な開発のための教育（ESD）」から要請される「環境だけではなく、貧困、人口、健康、食料の確保、民主主義、人権、平和をも包含するもの」（テサロニキ宣言）にかかわる富の配分や人間として豊かに生きるための「社会的正義」にかかわる、誰もがより良い環境を享受する権利としての環境権を認識すること、環境権を行使できる政治主体を念頭とした行動主体を育てるための原体験学習の教育的価値を実践的に考察することが求められる。

　次に「環境計画を生み出す」実践事例として、住民運動が発見した環境観

に基づきそれを実現させるための行動計画を含めたトンボ公園設計図としてあらわれた環境計画について考察する。現状に不満のない状態や不満をおこさせない状態からは、現実世界を変えていきたい要求は発生しない。そこでは、価値観の転換が先行している。その環境観を実現するために、調査活動・宣伝活動・請願署名活動という行動計画を含めた環境計画が立ち現れてくる。その環境観は、環境計画を作成し実践するという現実世界を変える運動に転化したとき、運動を通じて検証され、修正されていく。

　環境観に基づきそれを実現させる行動計画を含めた環境計画の作成というプロセスに、子どもが学ぶべき環境教育実践の価値が存在する。環境計画を生み出す活動によって、合意形成する力や自分たちの持っている環境観の検証が行われ、より確かな環境観形成が行われていくであろう。ロジャー・ハートの「子どもの参画」論における「参画の様子」は実践分析基準を検討する先行研究である。認識中心の学校教育にあって、環境計画を生み出す教育活動は実践知という知の枠組みとしての行動知概念を提起する。

　最後に、「環境権を学ぶ原体験」として小学校環境教育実践で、環境権を用語として学ぶだけでなく、例えば住民運動の当事者からその人を通して、その運動を学ぶことによって学んでいくことに着目する。「トンボ探検隊」実践に先行する実践例として若狭蔵之助（1984年）の「公園をつくらせたせっちゃんのおばさんたち（六年政治学習）」などがある。また、実践事例・総合学習三年生「川にトンボ池をつくった子どもたち」では、自分たちの環境観の転換（「きたない・あぶない・ちかよらない」荒川から「生き物がいっぱい」「自分たちにとっては汚く思えるけど、ヒヌマイトトンボにとってはとても大切なヨシハラはそのままにしてほしい」）から、「（江戸川区民が造ったトンボ池を観察して）学校の近くの荒川にも自分たちでトンボ池を造りたい」を経て、設計図と行動計画を生み出し、実際に池を掘った（図2-3）。

　このような活動を、環境権を学ぶ原体験の1つのイメージとしたい。

図2-3 地域環境を子どもたちと考えるための教師（私）の視点

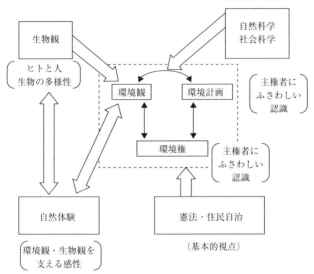

（3）環境教育の3つの構造と指導方法

　小学校環境教育実践は、まず「環境観を育てること」である。「環境観を育てる教育」は4つの切り口をもつ。①教育方法として、散歩・ネイチャーゲーム、実験・観察、聞き取り調査・フィールドワーク、博物館・動物園などの見学・ものづくり・栽培・調理などによる直接体験から学ぶ。教科教育などで環境認識を促す知識を学ぶ。②環境観を構成する要素として、平和・人権・民主主義・循環・平衡・有限・共存・環境倫理・環境権認識・生態系・食物連鎖・保全・社会システム・資源エネルギー・地域・経済・文化・人口・国土・食料・環境問題などが挙げられる。③教科・生活科・総合的な学習の時間・道徳・特別活動・遠足・宿泊行事の目的に応じて環境観を育てる実践を創る。④③の領域で①の方法を使い②の要素を育てる。

　次に、「環境計画を生み出す」教育方法の原則として、①子ども自身の価値観を揺るがすことから始める。②話し合いによる合意形成をじっくり行う。③環境計画とは行動計画、合意形成のための宣伝・意見表明計画、環境を改

変する設計図を含むが、踏まえられなければならない。

さらに、「環境権を学ぶ原体験」を実践するうえで以下のことが必要となる。①地域住民運動から学ぶ。教師は、身近な学区域などで住民運動に関わる人たちから教育的価値を抽出する。地域環境を生み出し維持している力を分析し、学習過程として組織し子どもの学びを生み出す。ただし、価値観形成は学習者自身が自己選択しながら獲得していくことはいうまでもない。②環境計画を生み出し、社会に意見表明し実際に行動主体として子どもたちが活動することによって学ぶ。教室・学校内・学区域など子どもたちがかかわれるフィールドを保障し、地域住民や関係諸機関・NPOなどを子どもの学びのために組織する。地域環境保全活動を子どものための環境教育として組織する。教師には学びのコーディネーターとしての役割がある。

（4）知の枠組みとしての内容知／行動知／原体験

「内容知」と「行動知」、それらを支える原体験という知の枠組みを提案したい。子どもを行動主体として育て、持続可能な社会を創る主権者として政治参画できる知恵と力と技を身に付ける知の枠組みとして提案したい。「内容知」は、環境観を育てる事実認識（知っている／知らないという知）とその価値観形成に関わり、事実をどう解釈するかという知である。「行動知」は、政治主体として参画できる意欲・態度・行動力に関わる知である。環境計画を生み出す／環境権を学ぶ原体験を通じて学ぶ知である。

それら2つの知を支え豊かにするのが原体験であり、自然体験・社会体験・生活体験にわたる。

4　学校外教育と環境教育

（1）学校外教育の動向

酒匂一雄（1978年）は学校外教育活動組織化の3つの動向を挙げた。第一は個人的対応・解決を目指す親の願望と営利を目的とする受け入れ側の意図

に支えられた多様な塾・おけいこごとである。第二は地域の父母住民の協力と連帯をもとに、地域に自主的で民主的な子どもの教育・文化活動を育てる多彩な運動の広がりと主体の形成である。第三は国の動向である。文部省（当時）は子どもたちの自然とのふれあい、遊び場、集団活動などを望む国民の願いに部分的に対応しながら「生涯教育」の一環としての「在学青少年の社会教育」政策を展開し始めた。

　その後の動向については、佐藤一子や増山均らの諸論考に詳しい。

　まず、第二の動向は、1950年代子どもを守る運動・母親運動・地域文庫運動などを源流とし、60年代親子読書・子ども劇場・学童保育運動などの広がり、70年代少年少女組織を育てる全国センター主催「青空学校」・全国生活指導研究協議会支部地域サークル主催「ひまわり学校」・子ども劇場主催「体験活動（『自主活動』）などが展開されてきた。これらの動向は、現在、新自由主義に基づく受益者負担による、消費者として提供された内容の選択の自由による「『委託加工』的」（酒匂）子育て・教育ではない、公的保障と地域住民の主体形成を促す教育運動を伴う「子どもと青年・父母の主体的な参加・参画と自治を基礎にした活動づくり、地域の生活圏に根ざした生活・文化創造を追求する」「市民的共同とNPOが切り開く世界」（増山均、2004年）へと続いている。

　ただし、佐藤一子（2002年）が指摘するように「70年代以降の共同の子育て、子育て協同を継承しながらも、現在課題となっている子育てネットワークや子育て支援の取り組みには、主体・形態・方法上の新たな変化がある」といえる。

　第一の動向は、第二の動向をしのぐ形で夏休みなどの時期を使い全国で実施され、子どものための自然接触体験や各種野外活動などの冒険体験が商業ベースに乗りながらブームとなっている。単にパッケージ化された自然体験・冒険体験は、子どもの自然離れ・体験不足を補う側面からは十分評価されるが、日常生活の中で豊かに生かされることがない限り、子どもの社会性の発達は望めない。なぜなら、子どもたちは日々の生活から学び成長しているの

であり、地域での人間関係や自然との関わりが豊かに創造されることが不可欠だからである。子どもたち自身が地域において住民として主体的に生活を築き、子ども社会をつくっていく営みは欠かせない。この点に関わって、門脇厚司（1999年）は、「地域の子を地域で育てる」、重要な提起をしている。

　ここに、酒匂（1978年）の規定した「父母住民の三層の活動」の第三層の意義がある。第三層に位置づく地域子ども組織とは「地域住民の生活と結合し地域住民に支えられた自主的な子ども組織」（保田正毅、1978年）である。例えば、大森（1978年）の実践でもある東京都足立区「ベアーズ子ども会」は子どもたちの異年齢集団による毎週土曜日の遊ぼう会を軸に、子どもたちの生活を地域住民と教師が生み出すことから組織された地域子ども会であった。

　第三の動向では、学校完全五日制が始まり、地域の受け皿として国家主導的な奉仕活動・動員型の地域づくりが始まっている。

（2）学校教育と学校外教育の結合と環境教育

　1970年代地域の教育力に着目し重要な理論的提起をした藤岡貞彦（2003年）は、「環境保全が学校と地域を結びつける」という「地域の教育力論」の環境教育における現代的捉えなおしともいうべき提起を行っている。すなわち、環境教育の教育的価値として公害教育から抽出された環境権認識は、子どもの社会参画を保障しながら、地域環境に働きかけ地域を変革していく行動によって学ばれるという本章でも展開した環境教育の未来にかかわる提起である。

　例えば、1999年度実践「三年生／荒川にトンボ池を掘った子どもたち」は、荒川という都市河川のまとまった自然に保護者とともに十分触れさせ、それを土台として系統的な教科学習を「とりたてて」（三石初雄、2003年）行うことにより、今ある環境の不十分さに対する子どもたちの意識の掘り起こしと環境観の転換を促し、子どもたち自身が学区域横の荒川高水敷（河川敷）に池を掘った。そこでは、建設省荒川下流工事事務所（当時）、「荒川をよく

する墨田区民会議」、筆者が地域に呼びかけて組織した「子どものための水辺つくりの会」という学校・行政・市民団体の合意形成づくりとそこに子どもたちが意見表明し、参画するという、子どもが育つ地域環境保全活動参画の道筋の構築という課題が鮮明に現れていた。

　また、2004年度実践「五年生／隅田川堤の桜を間伐した子どもたち」は、徳川時代から続く桜の名所である学区域の墨堤桜維持のため、墨田区の間伐作業に子どもたちが参加した実践である。ここでは、「何故間伐しなければいけないのか」「桜並木はいつ頃から誕生したのか」「人が手を加えて維持する自然について」などの事前学習や、実際に枝張り状態調査を区公園緑地課と協同で実施し、子どもたちが行動の主人公として行動主体に育つための保障をして取り組まれた。ここでも、墨田区・学校・桜並木を維持する区のボランティア三者の協同が行われていた。以上、総合的な学習の時間などを中心に行われた学校・行政・地域住民三者が関わった実践である。ここに、子どもを育てるトータルとしての学校・地域社会の合意形成が求められる理由がある。

　環境教育は、地域住民の参画を目指した、学校と地域社会の協同システム化の中に、子どもの環境権認識としての社会参画を保障した地域環境保全活動による、より良い環境創造活動が位置付けられなければならないだろう。既に、埼玉県鶴ヶ島市教育委員会教育スローガン「子どもは小さな町づくり人（びと）」の取り組みとして、学校校庭や公園の改修工事にあたり子どもたちの意見を取り入れようとする行政施策が、展開している。1960年代高度経済成長政策による地域環境・自然破壊による街づくりから、子どもとともに豊かな環境を生み出す地域再生活動を視野に入れた環境教育が求められる。地域環境の調査観察・改変・保全・維持活動に参画する子どもたちの学習・行動を組織する地域住民・行政・学校そしてNPOなどの学校外教育の合意形成と学校教育・学校外教育における環境教育理論研究の進展が待たれる。

5 学校環境教育の課題と可能性

　これからの持続可能な地域・社会に向けた学校環境教育には、現実世界で起こっている新しい地域・社会をつくろうとしている市民運動や専門家・行政とともに学習対象・学習内容をつくり出し、地域環境保全活動と学校環境教育の連携を視野に、教育課程編成に向けての努力が求められる。例えば、北海道標茶町虹別地区の「虹別コロカムイの会」（1994年設立）と連携して絶滅危惧種シマフクロウのための植樹活動を「総合的な学習の時間」で2005年より実施している虹別中学校、ヒグマとの共存を目指し、2007年北海道羅臼町の中学校・高校から始まった「幼小中高一環ヒグマ学習」、沖縄県竹富町西表島の絶滅危惧種イリオモテヤマネコとの共存を目指し、2012年上原小学校から始まった「西表島全小中学校によるイリオモテヤマネコのいるくらし授業プロジェクト」、1995年論者が東京都荒川区立ひぐらし小学校で始めたプールのヤゴ学習は現在東京都墨田区環境保全課による「区内全小学校によるプールのヤゴ救出作戦」として続いている（以上大森享編著『野生動物保全教育実践の展望』2014年）。これらは、持続可能な地域・社会に向けた教育としての学校環境教育といえる。

　地域環境保全活動と連携した学校環境教育を推進する地平における課題と可能性について、論者の実践・2005年度墨田区立小梅小学校6年1組が行った「墨田公園再生プロジェクト」で、子どもたちは、公共空間である墨田公園に対し、「ブランコの高さを10cm上げてほしい」「ウンテイをこの場所に設置してほしい」「ピラカンサ等の実のなる木を植えてほしい」「区民に呼びかけて公園清掃をやりたい」等六つの要求をまとめ、グループ毎に公論の場で意見表明し合意形成されたことが実際に実行され、子どもたちはエンパワーメントされた（大森享他編著『二十一世紀の環境教育』2006年）。

　地域環境保全活動と学校環境教育が連携して子どもの知恵と力とわざを育てることの重要さを念頭にいくつか述べたい。

第一に、学習対象との格闘から学習者の問題意識を耕し、問いを育て、学習者を課題探究の協同的主体者にするため、教師は学習対象の確定と学習者による学習課題の抽出を意識して実践をすすめること。

　第二に、教師は、インストラクター、ファシリテーター、コーディネーター、インタープリターとしての指導を意識して実践をすすめること。

　第三に、学習者が意見表明できる公論の場を組織し、日常的な学校生活の中で自分に関わることは誰でも自由に発言できる環境を可能な限りつくること。

　第四に、学級内・学校内・道路・公園・河川敷などを学習対象に設定し、学習者の課題を抽出し課題解決型の学習を組織することにより公論の場で意見表明することを系統的に可能な限り指導すること。

　第五に、新しい地域・社会をつくる動きから教師が学び、それらの背景をつかみ授業化することによりオルターナティブな理論枠と批判的思考を育むことが、持続可能な地域・社会に向けた教育の鍵となる。

　第六に、学校環境教育を現実世界の学習とその変革を担うものとして捉えるならば、教師自身の市民的権利行使の拡充による政治的教養の習得などは、これからの重要な課題となり、公害教育の到達点と課題から深く学ぶことが求められる。時代は、「〈抵抗する環境権〉から〈参加と自治の環境権〉へ」（関礼子、2001年）と動き、持続可能な地域・社会に向けた参加と自治の教育を担える教師の上記力量形成が課題となっていくだろう。

　第七に、戦後教育での「地域にねざす教育」に学び、持続可能な地域・社会に向けた教育としての環境教育／ESD構築に向けた教育課程・カリキュラムづくりが重要となる。

　地域・社会をつくる民主主義の運動を教育課程として創造していく視点として環境教育／ESDは歴史的役割を担う。これからの持続可能な地域・社会を主権者として一人一人が担う知恵と力とわざの基礎・基本をすべての国民が獲得する学校教育に向けて持続可能な地域づくりと連携することが求められ、ここに学校環境教育の課題と可能性がある。

最後に、ガート・ビースタ『民主主義を学習する』(2014年) から引用し、本章を終了する。

「政策的課題を学習の問題へと再定式化し、しかもそれを個人の問題とみなすことで、本来は、構造的な変化や政府の行動によって集団レベルで解決されるべき問題を、個人が学習によって、解決すべき課題として放置する傾向がますます増大している」傾向から「民主主義政治の行為者は、民主的な行動それ自身とともに、その内に立ち上がるのである。ひとことで言えば、政治的主体とは、コンセンサスの産出者ではなく、ディセンサスの『産物』である。…むしろ民主主義政治への関与を通してこそ、政治的主体が生成するのである」ように、子どもの社会参画を通じてオルターナティブな批判的思考力と社会に働きかける知恵と力とわざの獲得を目指していきたい。

第3章　公害教育から学ぶべきもの
―公害教育論―

関上　哲

1　現代の公害教育とは何か

　今日、公害教育では大気汚染、アスベスト、ダイオキシン、オゾン層破壊、森林減少、砂漠化、地球温暖化、原発事故等の問題が注目され、環境教育では里山、里海、自然再生、湿原保全、平和、人権、開発、ジェンダー、福祉、貧困、ESD等多岐にわたる諸課題に関心が寄せられ、その対応が求められている。日本の公害問題に対して実践された教育活動に公害対処教育や公害教育があり、今日の環境教育が問われている問題に対し、その教育学上の成果と共に科学教育としての価値を含めて見直されるべき点が多く見られる。これは環境教育が公害教育を避けて通れない必然性を示すものである。さらに、将来の環境教育を考えた時にも公害教育で得られた知見は引き継がれるべき意義が多く見いだされるはずである。その意味で、公害教育は環境教育の1つの重要な源流であるといえる。

　環境白書（1981年）は「一時期の危機的状況からは一応脱することができ、近年、全般的には改善を示してきている」とし、四大公害訴訟判決をもとに、公害問題は解決済みの問題だとした。しかし、公害問題は特定企業や産業が引き起こす地域偏在型公害から国土開発によって全国に拡大し、公害の被害者が加害者そのものになる都市生活型の公害へと変貌し、今や原発事故などの問題が発生するにおよび地域的公害問題を超えて地球的規模へと拡大した世界的環境問題そのものとなった。加えて、1970年代の公害形態が大量生産・大量消費・大量廃棄の一方通行型物流システムから引き起こされた大量、集

51

中、短期的、単独、確実型のものであったとすると、今日その形態は少量重視ながら最後は大量生産・大量消費・大量廃棄型の大量、広域、長期的、複合、不確実的なものへ双方向型物流システムから引き起こされる公害問題へと、複雑化され重層化されて発生しているといえる。特に重金属汚染や新たな化学物質等による環境ホルモンのような目に見えない無味・無臭の化学物質が生活全般に溢れて公害問題を発生させ、環境教育において重要な鍵である環境変化への「気づき」に疎くなり、困難さを増して問題の対処や解決を遅らせているといえる。それは公害被害者の救済を考えるとき、その問題の解決には制度上の対応を含め一層複雑さをもたらしている。

　世界保健憲章（1948年）は「健康とは、単に病気や病弱でない状態をいうのではなく、身体的・精神的および社会的に完全に良好な状態のことである」と定義し、国際的に公認された健康が「全ての人の有する基本的権利の一つである」と規定した。日本国憲法は第25条において「すべて国民は、健康で文化的な最低限度の生活を営む権利を有する」として生存権を保障している。教育基本法は世界の平和と人類の福祉の向上を目指し、その理想の実現は「根本において教育の力にまつべきものである」と規定し、第1条で「教育は、人格の完成を目指し」、「心身ともに健康な国民の育成を期して行われなければならない」と人格の完成と健康の育成を同時に教育により実現することを目的としている。学校内において公害問題を取り扱うことは、父母や児童・生徒の健康問題などの関心や要請に答えることであり、また学校外において実施される公害学習は地域住民の健康に不可欠な人権教育であるということを示している。ユネスコの学習権宣言（1985年）は、人としてより健康な生活を営むための知識や術を学ぶための学習権を保障し、学習権なくして「地域の健康の増進もない」と述べて、学習権と心身の健康の関連性を「地域」という場で強調している。ここに、公害学習が心身ともに健康な生活を営むための権利を守るために必要な地域の教育であることが示され、学校教育のみならず、社会教育や生涯学習においても不可欠な教育であることが示される。公害教育を地域の児童・生徒や住民が学ぶことは、憲法や教育基本法の

第3章　公害教育から学ぶべきもの

精神に基づいた極めて正当な学習活動といえる。

　沼田真は1974年の日本国際植生学会で日本の公害教育報告に、フェグリ（Faegri）が「日本の公害教育について批判をもらしていた」と述べ、公害国会以後、公害教育という形で社会科の環境教育がスタートしたが、人間環境の扱い方を不十分とし、理科の環境教育教材との関連性もないとした。そして、環境教育にあたり教師の「環境観」に注目した。1960年以降、公害問題という生活人権侵害問題は、学校教育で、教師に児童・生徒を取り巻く環境に対する認識を目覚めさせた。公害発生により児童・生徒の健康上の問題が浮き彫りになり、健康を奪われた子どもたちの実態から、教師はその元凶である公害問題へ立ち向かわねばならなくなったといえる。そのため教師は健康被害の実態を科学的に調査し、公害被害の実態を客観的に分析していった。このことは公害を解明する教師の科学的力量を高めると同時に子どもたちに、如何に公害を客観的に認識させるかという教師の技術をも向上させた。そのことは、総合的な教師の科学を誕生させた。しかも、住民の健康被害に触れたときに、一住民としての教師は学習会を通した市民運動にも参加することとなり、公害問題は大人の学びを通じて市民の科学をも誕生させることになった。こうして当時の教師は、公害教育を通し、公害発生阻止から開発阻止、そして環境保全運動へと運動そのものを質的に変化させていった。こうした運動は、教師が住民とともに築いた公害基本法の制定に向けた胎動であったとも考えられる。しかも、この運動を通じて、市民の側に立った教師などの活動が、公害行政に対する開発阻止への見直し変更へと継承されたことを考えたときに、社会教育学的な学習実践が実施されたことを示す。生活環境の学びから健康な生活を営むための自治権の獲得と、環境基本法の制定へと引き継がれることを考えたときに、そこに環境権の認識が生まれてきたといえる。その意味でも、公害教育は教師の環境観を高めたといえるし、むしろ日本独自の環境教育の始まりがそこには既にあり、公害教育は確かに歴史的事実としてあったといえる。この点に関連し、鈴木善次は「公害教育を抽象論的一般論的に閉じ込めない」重要性として説いている。

53

18世紀、イギリスにおいて産業革命が進行するとともに、公害問題が発生した。しかし、1960年代の日本のような国民的課題にまで発展しなかった。日本の場合、公害問題が全国に拡大した状況の中で、国民一人一人の環境に対する認識を改めさせ、国民的課題にまで発展した。つまり、日本の公害は、国民が生活していくための「環境権」を国民全体に認識させていった。その意味で、公害教育は、「環境権の認識」を生み出した環境教育であるといえる。

公害は、産業上の解決せねばならない緊急甚大な国民的問題として認識された。公害発生による被害者の生命と健康を守る生存権としての課題認識が国民に生まれ、そのために公害を学ぶことは学習権からも必要となった。その後、公害は国内外において都市化・工業化の進行とともに、産業上の問題から国民の生活上の問題へと拡大し、今日、地球的環境問題となって、一層複雑化している。これに対し、公害教育としての環境教育に何が期待されているのか。それは①国民の生命と健康を守る教育、②基本的人権を守り発展させる教育、③公害の実態を把握する自然的・社会的な科学の教育、④環境権の必要性を認識させ行動できる教育であるといえる。公害教育は、「人権と科学」の総合的な継続していくべき、将来社会が学ぶべき環境教育学といえる。

2　公害教育はなぜ生まれたのか

（1）公害教育の時代背景

公害問題を考えたときに、その時代性を捉える必要がある。公害教育が担わなければならなかった課題を明確化できるからである。戦後、国の経済政策は急速な経済復興を追求し、全国総合開発計画を推し進めた。1962年の全国総合開発計画（全総）から始まり1969年の新全総、1974年の三全総、1987年の四全総、そして1998年からは「21世紀の国土のグランドデザイン」とした五全総が進行していた。日本の公害はこの全総の初期段階で、公害被害を地域に偏在させ、しかも公害問題を集中的に発生させる原因となった。具体

第3章　公害教育から学ぶべきもの

的には1959年の熊本「水俣病」有機水銀説の発表、1965年の「新潟水俣病」の発見、富山県神通川「イタイイタイ病」の認定、川崎や四日市での石油化学コンビナートによる大気汚染、光化学スモッグの発生、水銀化合物の有機燐系農薬による汚染、さらには国民の生命と健康に関わる汚染物質被害などの発生であった。その問題に対し、公害行政は、政府の最初の環境行政として、通産省に産業公害課（1963年）、厚生省に公害課（1964年）、公害対策基本法（1967年）、大気汚染防止法（1968年）、騒音規制法（1968年）などの環境行政の基本を確立していった。

（2）公害教育の成立と発展

このような公害教育をめぐる周辺状況に対し、公害・環境教育はどのような実践を展開したのかをその時期区分とともに概観してみる。藤岡貞彦は飯島伸子の時代区分を参考にしながらも、自らの環境教育30年を振り返りながら、公害・環境史について、1966年の沼津との出会いから1996年の西淀川にたどり着くまでの30年間の環境教育史を次のようにまとめている。

第一期を公害教育実践としての小・中・高の定型的学校環境教育との出会いと住民の非定型的環境学習との出会いであったことを強調している。公害問題が国民的課題に浮上する時期であり、この時期を藤岡は公害教育成立の初期と考えている（仮に1953年〜1970年までとする）。

第二期は1970年代の公害・環境破壊との闘いの時期である。公害・環境教育実践を志す全国の教師が、初めて全国レベルでのワークショップの場をもち、交流した時期であったとしている。1971年は日教組教研集会「公害と教育」分科会と民間教育研究団体「公害と教育」研究会の2つの場が発足した時期である。この2つの組織は、名称と形態を変えて今日まで継続した活動を展開して、日本の教育史においても特異な教育活動を実践し、教師の教育技術向上に貢献した。そのことは日教組教研集会報告集である『日本の教育』に環境教育実践事例が1971年から1980年までに841の実践が掲載されている（**図3-1**）。この時期を第二期と呼ぶ（仮に1971年〜1985年までとする）。

55

図3-1 「日本の教育」における教師の教育実践小中高別発表

　第三期は1986年4月26日のチェルノブイリ原発事故を契機とした時期である。公害という地域環境問題が、地球的レベルにまで拡散した時期であり、公害という小さな枠では捉えきれない問題にまで発展している。その意味で、公害問題から環境問題へと主たる教育課題の名称・テーマが変化した時期と考えられる。特に、「公害教育」という名称の発表よりも、「環境教育」の名称が多用される時期と符号している。藤岡はこの第三期をポストチェルノブイリ段階としている（仮に1986年〜1996年までとする）。

　第四期は地域環境問題と地球環境問題の結合の時期であり、二者の相互転換の可能性が考えられた時期である。1997年12月の第3回世界気候温暖化防止京都会議で、チェルノブイリ事故以上に一層環境問題が注目されていく時期である。特に藤岡はポストCOP3段階とよんでいる（仮に1997年〜2010年までとする）。

　ここから、公害教育の発芽が第一期であり、第二期にその発展を示し、第三期は公害教育が環境教育の一部となっていく時期であることがわかる。

　2011年以降、世界を取り巻く環境問題を教師の知見より捉えたとき、新たに1953年〜2015年までの『日本の教育』及び『日本の民主教育』の教育実践事例を分析する必要があり、その結果、新たに「第五期」を考えざるを得ない。今回の分析総数は教研集会の設立時から今日まで『日本の教育』は

第3章　公害教育から学ぶべきもの

2,177項目、『日本の民主教育』は253項目となった。その中でも2011年以降「日本の教育」は205の発表となり、「日本の民主教育」は28となっている。東日本大震災福島第一原発事故後の児童・生徒を取り巻く教育環境の悪化が教師達により深く憂慮され大きな教育課題を提示したことが判明した。第五期は東日本大震災後の福島第一原発事故が世界中へ放射能被爆の恐怖をもたらしたことや地震発生により生じた災害ゴミが海洋に漂流する公害問題を発生させたことを考えると、今日の公害問題は自然災害と人的災害が同時に発生し未曾有の問題も起こりうることを示している。それは、公害教育の教育実践は決して対処教育的であってはならないことを教師に気づかせた。公害教育は災害教育や世界的視野から国際法や国際条約等をも視野に入れる必要に迫られているといえる。この点は、防災教育として定着しつつも国際的ルール等を視野に入れた公害教育はこれから問われる点であろう。その意味での公害教育は今まで以上に総合的な観点からとらえるべき時期が、この第五期である（仮に2011年から今日までとする）。

3　公害教育はどのように変わったか

（1）すぐれた公害教育の実践

　公害教育実践は、その社会が置かれた時代を色濃く反映したものと考えられるが、そのときの主体がどのように公害を認識したのかが注目される（**表3-1**）。

表3-1　公害教育（環境教育を含む）の歴史

年	内　　　　容
1963	四日市市の塩浜小学校「公害から児童の健康をどう守るか」の取り組みが開始。林えいだいによる戸畑市での三六婦人学級で公害学習が展開。
1964	石油コンビナート計画に対し、三島市長が松村調査団を委嘱し、沼津市・三島地区の公害調査を開始。公害予防運動が展開。10月清水町誘致断念を決定。東京都小・中学校公害対策研究会が発足。
1966	四日市市長から「公害教育は偏向教育の恐れがある」という発言。
1967	全国小・中学校公害対策研究会が発足。○全国教研の社会科分科会で、地域の産業と生活の破壊の問題が取り上げられ、公害現象が最初に注目された。○多田雄一による「四日市の公害」が公害教育研究集会で発表。

57

1968	小学校学習指導要領に「公害」の用語を初めて使用。○三重県教組「公害問題をどのような観点で教材化し、実践したか」の報告。福岡県戸畑区の公害実情も報告。○熊本竜南中学校田中裕一による「日本の公害－水俣病」の授業公開。
1969	全国教研熊本から「水俣病とその授業研究」が報告。三重から「四日市公害と教育」が報告。
1970	小・中学校学習指導要領を一部修正し、社会科において公害学習の充実を図る。○公害国会が開催。○東京都教育委員会で公害副読本「公害の話」5冊を発行。
1971	○東京集会で「公害と教育」分科会が設置。○全国教研において「第一回〈公害と教育〉研究全国集会」が開催。○斉藤正健による高千穂町岩戸小学校の健康調査と聞き取り調査、土呂久の地域調査を実施し、教研集会で発表。
1972	西淀川公害患者と家族の会設立
1975	全国小・中学校公害対策研究会を環境教育研究会に変更する。
1976	川崎病患者と家族の会設立
1978	小・中学校学習指導要領の理科・社会の中で、公害学習から環境教育へと内容の充実を図る。
1980	田中裕一による公害教育から全学年の総合的な環境教育へと発展した。
1986	環境庁が環境教育懇談会を設置し、わが国における環境教育のあり方を検討。
1988	環境庁が環境教育の指針「みんなで築く『よりよい環境』を求めて」をまとめる。「環境教育懇親会報告書」を作成し、「環境教育」という名称を使用。
1990	日本環境教育学会が発足。
1991	文部省が環境教育指導資料（中学校・高等学校編）を発行。環境教育専門官を設置。
1992	文部省が環境教育指導資料（小学校編）を発行。○学習指導要領の改正に伴い、幼稚園で領域「環境」が、小学校低学年で「生活科」が始まる。
1993	水俣病資料館開館　公害学習・環境学習・人権学習
1995	○西淀川公害裁判により公害地域の再生という課題への取り組みの重要性についての理解が示される。これにより「公害地域再生センター」（通称：「あおぞら財団」）が創設。○新潟水俣病資料館開館
1997	○「かわさき環境プロジェクト21」組織。
2000	コンビナートルネッサンス構想に基づくコンビナート再構築の倉敷の水島地区の大気汚染地域「水島ちいき環境再生財団」設置。○足尾環境学習センター開館
2001	「足尾の環境と歴史を考える会」の研究会がスタート。行政当局を含め「足尾シンポジウム」が開催。○「尼崎21世紀の森構想2001」○水俣市の「NPOみなまた2001」○千葉の三番瀬の「干潟再生事業」「三番瀬環境保全会議2001」。
2002	小・中学校の「総合学習」において、持続可能な社会を具体化する政策提言をなしえる市民の育成を目指す。○熊本水俣において「政治的決着」以降「水俣病犠牲者への祈り」と「もやい直し」を合言葉に、新たな地域再生への取り組みが進行。「NPOみなまた」によるグループホーム「三郎の家」が被害者自身の手で開設。○豊島において被害住民たちが全国の基金の設立を呼びかけ、オリーブの木を植えることを通じた「豊島再生」運動に着手。○千葉県の三番瀬での「干潟再生事業」。○釧路湿原の「自然再生事業」。○「宍道湖ヨシ再生プロジェクト2002」、「中海再生プロジェクト2002」。
2003	高等学校の「総合学習」において、持続可能な社会を具体化する政策提言をなしえる市民の育成が目指される。○環境教育推進法　成立
2005	豊島・島の学校　開校
2006	エネルギー・環境を変える短編集（経済産業省、資源エネルギー庁）
2010	小・中学生のためのエネルギー副読本「わくわく原子力ランド」○私たちの暮らしとエネルギー、○日本の原子力発電～考えよう日本のエネルギー～、○放射線とくらし～考えよう、放射線のこと～、○プルサーマルってなーに？
2011	東日本大震災・福島第一原発事故発生
2012	富山県イタイイタイ病資料館　開館
2015	四日市公害と環境未来館　開館　公害の歴史と教訓を伝える公害教育 名古屋南部大気汚染公害資料館建設　運動

第3章　公害教育から学ぶべきもの

　まず、社会教育実践として2つの公害教育の事例を取り上げる。

　1963年の沼津・三島・清水町の石油コンビナート建設計画に対し、住民な
どが中心となって学習会を開催しながら、科学的根拠をもとに反対運動を展
開した市民運動が注目される。戦後、この運動は環境政策の転機となっただ
けでなく政治の転換を促す重大な意義を持ったものとして、企業対市民とい
う形で公害反対運動が勝利を収めた三島・沼津・清水町の運動が注目される。
宮本憲一はこの運動こそが日本の近代的人権を主張する最初の「市民の運動」
であったとし、産業間の利益を超えた地域で生活する者の論理による最初の
住民運動であったと考えている。そして①生活環境を守ろうとする郷土愛に
よる運動、②学習会を武器にした科学による公害予防運動、③公害反対と地
方自治に基づく住民の地域開発であったという点に特色を見いだしている。

　特にこの②の学習会こそ、社会教育実践として注目される。概観すると
1964年に、「沼津・三島地区産業公害調査員」（黒川調査団）が任命され、現
地調査や風洞実験（64年4月～6月）を実施して『沼津・三島地区産業公害
調査報告書』を発表した。これに対して、三島市長が公害予察調査員（松村
調査団）を委嘱した。この調査員達は住民運動の中で調査し、研究し、学習
してきたことを集約して『石油化学コンビナート進出による公害問題』とい
う中間報告書（64年5月）を発表した。例えば、西岡昭夫らは公害研究会が
開催された直後の寒い夜、寒暖計をもち、住民が運転するバイクの後ろに乗
り、近くの標高194mの香貫山に登ったり降りたりして高度による温度の変
化を調べた。その結果、高度が高くなればなるほど気温は低くなるはずの大
気が、逆になる「逆転層」の実態を明らかにし、黒川調査団の「大丈夫」と
いう発表を覆す結果を得ている。学習会・講演会は約500回、のべ4万人が
公害について学ぶために参加した。沼津市で有権者の3分の1にあたる2万
5,000人が集まって総決起大会を開いた。このため、9月に沼津市長が誘致
計画を撤回し、ついに静岡県知事も誘致を断念せざるをえなかった。この公
害学習は、住民、教師、専門家などによる公害学習であり、単なる知識、情
報の提供だけでなく、科学的調査方法を学んだ住民が、主体的に公害実態を

59

調査した結果から、科学的根拠をもとにコンビナート建設反対の意思を表明していく活動である。その意味で、沼津・三島の公害教育は、市民の自治権を求めるための民主的教育であったといえる。

　第二に、北九州市の社会教育主事補であった林えいだいが、1963年から6年間、三六（さんろく）地域の婦人学級で公害学習に取り組んだ。戸畑区三六地区は、「特に汚い」という社会教育職員の言葉をきっかけに、婦人学級開設準備委員会の婦人たちの口から次々と公害で苦しんでいる実態が切実な悩みとして語られ始めた。63年にグループごとに行動計画を立てて調査・整理し、婦人学級の資料として提出した。こうして講師なき婦人学級、婦人自らが講師となり、学級生となる公害学習が始まった。2年間にわたる三六婦人学級の緻密で粘り強い調査研究は幅広い市民の支持を受け、65年からは戸畑区全体の問題として戸畑区婦人会協議会の組織をあげての本格的調査・学習の取り組みへと発展した。この科学的なデータと学習に基づいた運動は市当局や企業を動かし、公害対策として工場に防塵装置が取り付けられるようになった。この事例は、社会教育における主婦を中心とした公害学習実践が公害行政の改善を求めた実践事例として注目される。

　次に、学校教育における4つの公害教育の実践事例を取り上げる。

　第一に、沼津・三島・清水町の教師の実践事例は、高校の教師達が中心的な活動を展開したことから、学校現場での公害教育としても注目される。1964年、松村調査団のメンバーであった沼津工業高校の教師と生徒たちは、①64年5月の連休に、「鯉のぼり」を吹き流しに見立てた「気流調査」をおこなった。のぼりの尾の方向や流れ具合いを観測し、用紙に記入し、10日間、朝6時から夜8時まで、鯉のぼりの向きを調べた結果をもちより、地図のうえに精細な「気流図」を書きあらわした。鯉のぼりの観察は、自転車が走った線の上の点の観測であり、百数十人の高校生が参加し、観測地点は約300の点と点の広がりとして示された。その観測データが集められ5万分の1の地形図の上に風の方向が記入され、コンビナートからの煙の流れが一目で分かる地図を完成した。②別の生徒たちは、牛乳ビン100本を狩野川に放流して、

第3章　公害教育から学ぶべきもの

汚染された排水が駿河湾に流れこむ方向をたしかめる「海流調査」をおこなった。③それらの成果を文化祭で、地域の人々にコンビナート計画の紹介、排気ガス、工業用水、廃水などの解説資料として展示した。これらの調査と研究が大気や海水の汚染公害がないとする宣伝をくつがえした。福島達夫は点調査の政府調査団にくらべて、面調査ともいえる生徒たちの方法がより科学的だったとしている。④沼津東高校の郷土研究部の生徒たちは、行政・農協・企業などから集めた資料を検討して「沼津・三島地区石油コンビナート進出計画をめぐって」というガリ版120ページの報告書を作成した。これは、石油コンビナート・石油精製所・火力発電所などの既設地域の高校生徒会へのアンケートや地元住民の意見などを収録した、本格的な社会調査であった。

　これらの運動に対して宮原誠一は『青年期の教育』で「高校生が地域の大衆の生活現実をしっかり取り組んで調査活動を展開している事例」として県立沼津工業高校や県立沼津東高校の生徒の活動を高く評価し、それを指導した教師と住民の学習運動の役割に注目した。学校教育の現場において高校生たちが地域の生活問題に正面から取り組んだ公害調査活動の実践といえる。

　第二に、四日市の公害教育は、1963年に四日市市立塩浜小学校で、「公害にまけない体力づくり」という公害対策教育を実施したことにより始まる。それに連動するように、塩浜連合自治会は患者の医療費を軽減する制度を設けた。そして、64年には、四日市の教育研究所が『公害対策教育』の研究を実施し、四日市医師会は「医師が公害による疾病と認めたとき、医療費を全額市が負担する考えがあるか」と公開質問状を市長宛に提出した。66年に、市長が「教師の行う公害教育は偏向教育の心配がある」と発言し、各小・中学校用テキスト『公害に関する学習』の配布が差し止められた。翌年にテキストが教職員組合やマスコミの追求により配布されたが、一部削除されたものであった。

　これは「公害対策教育」は許容されても、公害そのものに触れる教育は拒否される実態を示しており、公害教育の初期の状況をよく表している。しかし、多田雄一が三重県教職員組合三泗支部に、日教組の公害対策委員会第1

61

号となる小委員会を設置した。これは「公害対策教育」から抜け出し、真の公害教育の模索と教育実践を追求するものであった。日本ではじめて子どもの立場に立ち、子どもの健康と成長を守り、公害の現実と真実を教えることは、教師の義務として「公害教育」の自主編成に取り組むことであった。67年12月に多田は、中学校社会科で実践した「四日市の公害」を公害教育研究集会に発表した。その後全国教育研究集会でも発表し、全国の注目を浴びた。今日、四日市公害の歴史を踏まえ、公害の歴史を学び未来に向けて切り開かれるまちづくりのために「四日市公害と環境未来館」が2015年に開館していることを示しておきたい。

　第三に、1968年に熊本市立竜南中学校において、田中裕一が「日本の公害―水俣病」の授業を公開した。そして水俣病の人間生存の教育、人間尊重の教育、人権獲得の教育としての教材化を試みている。①公害教育の創造は、教師の「知る力」による。②公害教育の方向は「人権と科学に立つ」ということと、地域から出発し、日本と世界に関わる教材を精選する。③最高の学問や芸術の成果で教材を構成する。④基本的人権を原点とする。⑤現場で学ぶリアリズムの視点に立つ。⑥子どもの学習権と発達権を尊重する。それには慎重と臆病、科学的配慮と政治的配慮を峻別し、子どもを最優先に考えた。1980年に、田中はスイスのベルン市で開催されたヨーロッパ環境会議で世界の環境教育の動向を学び、環境教育を基軸にした各学年と教科を組み合わせた総合的な学校ぐるみの教育課程を編成した。これにより田中の公害教育は、学校の全学年を含む総合的な環境教育へと発展した。さらに、同じ時期広田孝が湯出小学校で「公害への取り組み」を展開している。水俣の公害の歴史を学ぶための施設として、「水俣病資料館」が1993年に開館されている。

　最後に、宮崎県の土呂久鉱害被害に社会の光をあてた、1966年の高千穂町立岩戸小学校教諭・斉藤正健の公害教育実践がある。クラスの児童の健康状態に疑問を持ち、土呂久、東岸寺地区の両地区の家庭訪問を実施し、児童生徒の住む地域には草が全く生えていないこと、黄土色の山に大量の鉱滓が野積みされていることなどを目撃した。そのことから斉藤は、健康悪化は公害

第3章　公害教育から学ぶべきもの

被害の影響ではないかと疑問を持ち、仲間の教師と現地調査を開始する。1971年の第21次日教組宮崎県教育研究集会で、調査結果を報告した。①呼吸器や内臓疾患による死者が土呂久のほとんどの家庭から出ている。②亜砒酸の影響があると思われる大正7年以降の約50年間の死者は、その影響がないと考えられる明治8年から大正6年までの間の3倍以上に達する。③大正7年から昭和8年までの土呂久の死亡者の内、30歳未満の死者が半数（32人）になっている。④50歳以上の生存者は、全体の19％（54人）にすぎない。⑤現地住民の全体の30％に当たる74人が、健康に異常があることを訴えた。

　1972年の日教組全国教育研究集会でも、斉藤は同様の報告をする。その結果、土呂久鉱毒被害は社会への一つの告発となる。これが契機となり、マスコミが一斉に土呂久鉱害を報道した。これは小学校教師たちの活動が引き金となっている。その後、第68回国会で公害対策並びに環境保全特別委員会において参考人として土呂久鉱害の実態を報告する。73年には宮崎県や環境庁が対応を開始する。その結果、宮崎県高千穂町土呂久地区は「公害健康被害救済法」の指定になり、特異的疾患として慢性的砒素中毒症が明らかにされた。これは公害教育実践の成果である。さらに、この事例は小・中学校の教師の共同研究として実施されたものであることから、公害病地区指定における教師などの地域調査、環境調査の成果が実ったものであり、日本の公害教育・環境教育の実践の成果といえる。

（2）教師は公害をどうみたか

　教師の実践を考えるときに、次のことが重要である。①教育実践とは、人間が人間に対して、その人格形成に関わり目的意識的に働きかける直接的な活動過程であること。②教師が教育実践を考えたとき、何のために生徒に働きかけるかということ。③教育実践の質である内容を考えたとき、教師が何を教えるかということ。④教育実践における方法・技術は単なる教科の指導上の方法や技術だけではなく、子どもたちが生活を意識的に構築することへの援助と方法を含んで構造化されていること。⑤教育実践を子供の諸権利に

63

基づき、学校を参加と学習と自治の「場」として作り出していくこと。さらに、公害という社会生活上の諸問題を色濃く含んでいる諸現象を考慮したときに、次の点も忘れられない点である。教師の教育実践は、人類の文化創造の一つの営みであり、教育実践はその実践の成果と課題を銘記したものである。そして、何よりも教師の実践記録は実践者の主体的な存在証明（Identity）として歴史に記録されるべきものと考えられる。学校における教師は生徒らが暮らす一地域の住民として、公害に汚染された地域環境から子どもたちの生命や人権を守りながら、生徒とともに地域の問題を解決するために主体的に地域問題を意識して、学校教育の「場」においてその問題を解決しようと努めている主体的存在である。教育の現場は、社会の諸問題の影響を恒常的に受容しながら、その問題を間接的に解決する主体を形成する場である。この意味において、公害教育の実践事例は、社会状況を反映した教師の生き方の問題ともいえる。その実践事例を分析することで社会の諸状況の変化をつぶさに観察することができる。この意味から、教師の公害教育の実践事例は、社会の諸変化の中で教育の現場が如何にその変化の影響を受けながらも、意識的に生徒とともにその解決を図る実践の場であったかということである。この視点こそ、環境教育がグローバリゼーションの影響を受けながら、その本来の目的を見失いがちな状況に対し、公害教育が一石を投じるものとなり得る。

（3）公害教育実践と教員組合運動

　1947年に日本教職員組合が組織され、①教職員の生活と権利の擁護・拡大、②教育の自由と民主教育の創造、③平和と民主主義の擁護、の３つが重要課題とされた。その後、60年代の公害反対運動と連動して、各地で教師達の教育運動が徐々に展開されていった。

　そして1970年に、日本教職員組合は「公害学習を自主編成活動の一環として位置付け、70年代の教研活動の重要な柱」とした。これによって、各地で公害問題を教育実践として取り組んでいた教師たちが交流し、学びあうこと

によって、公害教育の実践状況を全国的に捉える場が生まれた。さらに71年に第20回日教組教研集会の中に「公害と教育」分科会が新設された。第21回日教組教研集会で島恭彦が「環境破壊と人間」と題して講演し、翌年の教研集会で西岡昭夫が「公害と教育」の特別報告をした。この分科会が新設される前は、四日市や三島などの教師が社会科や家庭科、地域の教育運動の分科会の中で報告していたに過ぎず、全国レベルで公害と教育に関わる研究討議と諸実践を統合し、集約する総括的討究の場がここに求められた。このことの意義は、公害教育を考察するときに留意すべき点であり、公害の発生が生徒・児童が暮らす地域の身近な実生活の中に着実に拡大している現実がある。この急務の課題を解決すべく立ち上がっていた教師たちがいたことを看過することはできない。地域の住民の立場に立ちながら、地域の専門家として公害発生の実態を調査・分析・発表していったのである。その意味で、公害の歴史の中にそびえる、不滅の重大なる金字塔ともいえるものである。その後、1980年代後半からこれらの運動は、政治的な諸般の事情を反映しながらも、離合集散を繰り返しながら公害研究の組織として教育活動の中にしっかりと定着している。

　公害教育の実践が1980年に大きく変容した背景には、３つの大きな要因が考えられる。①公害発生の原因が地域の環境問題から地球的環境上の問題へと規模が拡大するにつれて、子どもたちを中心とした教育実践では捉えきれない問題となっていったことである。これは公害問題から環境問題を教育の現場で捉える必然性が生まれたことを意味する。そして、86年のチェルノブイリ原発の問題などがグローバルな環境問題として浮上したことである。②公害教育実践を担う教師の組織的状況の変化から、教育を取り巻く政治的問題の混乱が生じた点である。日教組の分裂とそれに伴う公害教育実践の発表の場の変化があったことである。③経済上の景況の問題から、公害問題よりも景気の問題が最優先されたという世論の問題である。世論が公害問題の追求よりも経済問題優先の方向へ行ったことなどが考えられる（**図3-2**）。

4　公害教育の未来とまちづくり

　地域に暮らす住民たちの生活は、たとえ公害が発生した場所であっても毎日の生活の場としての現実が地域には存在する。そのことは地域に暮らす住民としては、過去の歴史を学ぶことを必要とするが、それ以上に将来の生活に向けた地域づくりが欠かせない問題となる。それには地域づくりに住民の主体的参加が必要とされ、地域環境の保全にも住民の存在が欠かせないものとなる。それこそが、かつて公害発生の被害者が失った尊い生命に報いる今を生きる住民としての使命といえる。この視点から、公害教育の未来に見えてくる諸問題として次の点が挙げられる。これまでの深刻な健康被害の救済と差し止めを求めたいくつもの公害裁判の展開の中から、より進んだ新たな課題として、公害地域そのものの環境再生をめざそうとする独自の取り組み

図3-2　教師の公害教育実践の流れ

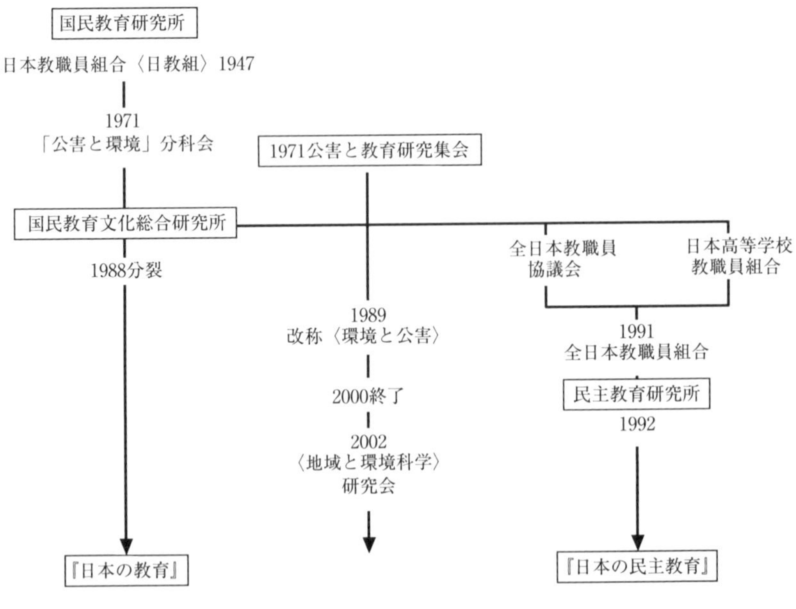

国民教育研究所

日本教職員組合〈日教組〉1947

1971
「公害と環境」分科会

1971公害と教育研究集会

国民教育文化総合研究所

1988分裂

全日本教職員
協議会

日本高等学校
教職員組合

1989
改称〈環境と公害〉

1991
全日本教職員組合

2000終了

民主教育研究所

2002
〈地域と環境科学〉
研究会

1992

『日本の教育』

『日本の民主教育』

第3章　公害教育から学ぶべきもの

左：足尾環境学習センター（全景）と右：足尾環境学習センター玄関
提供：足尾環境学習センター

が生み出されるようになっている。いわゆる地域創造の問題や地域環境再生の問題である。こうした取り組みを最初に自覚的に提起してスタートさせたのが、大阪での西淀川公害裁判の原告たちであったことが特筆される。1995年の裁判で和解条項が示され、被告企業が支払うべき損害賠償金の一部は「原告らの環境保健、生活環境の改善、西淀川地域の再生などの実現に使用するものとする」という一文が盛り込まれることになった。これを受け西淀川公害裁判の原告団体が中心となり設立されたのが「公害地域再生センター」（通称「あおぞら財団」）であった。公害の被害者達が主体となった日本では最初のまちづくりの例であり、おそらく世界的に例を見ない新しいタイプのNPO法人の発足であった。これ以外に例を挙げると行政主導の「尼崎21世紀の森構想」、倉敷の水島地区大気汚染地域の「水島ちいき環境再生財団」、水俣市の「NPOみなまた」、豊島の「豊島再生」・「廃棄物対策豊島住民会議」、「足尾グリーンフォーラム」、千葉の三番瀬の「干潟再生事業」「三番瀬環境保全会議」、「宍道湖ヨシ再生プロジェクト」、「中海再生プロジェクト」、「かわさき環境プロジェクト21」「KEP21」などがある。

　まちづくりは、住民が主体的に自分たちの地区を再編成しなおそうとする

67

提供：四日市公害と環境未来館

活動である。その場合、公害問題に対しては、住民は通常、環境劣化の原因の除去だけにとどまらず、その地区全体の環境改善に立ち向かうので、それがまちづくりになるという側面がある。

　今後、公害教育に求められることは、「生活の場」である地域に暮らす人々が学校教育、社会教育、生涯教育を通じて生み出す鈴木敏正のいう「地域創造の教育」が考えられる。そこには、地域の住民が生活していくための生存権としての人権問題が認識され、公害を発生させないための事前の環境アセスメントが不可欠となる。かつて、公害発生地域として悲惨な体験をした自治体において、積極的に推進されているエコシティや環境コミュニティなどが構想・企画され、まちづくりが実践されている事例を挙げることができる。ここにこそ、かつて公害教育において教師・住民などが導いた市民の科学が将来に生かされる活動が考えられる。その結果、公害教育の先に見える課題としては、地域住民が地域の企業・団体・NPOなどを含めた地方自治体との協働による地域環境行政への住民参加としての自治権の確立が考えられる。これこそ公害教育が、かつて築いてきた教育的価値の上に見出される環境教

第3章　公害教育から学ぶべきもの

育の目指す未来といえよう。

　その後、新たに『日本の教育』（調査件数2,177件確認）と『日本の民主教育』（253件確認）を分析した結果、次のような知見を得た。

　①東日本大震災以降、教師による教育実践研究の発表は「原発」関連のものが中心となり多くなった。児童生徒を取り巻く校内外の生活環境には、未だに数多くの放射能の影響を含めて地震発生後の原発事故が及ぼした計り知れない影響が考えられる。特に、直接的身体上の影響で放射能被爆の第一次的被害、放射能関連の第二次的被害（空気、水、食物、皮膚等）、今後も継続して影響を及ぼすであろう第三次的被害を含めて数多くの原発関連の発表がみられた。②これら被害を受け、原発教育の必要が説かれ、原子力普及教育への反省の発表が見られた。さらに原発防災教育や地震防災教育等の予防教育の必要性が多くの教師の発表でみられた。③2005年食育基本法が成立して以降の教育実践では、特に地震発生後の原発事故後の給食食材への影響ならびに健康維持等について栄養教師等の発表がみられた。④原発事故後、校庭や広場での遊ぶことを許されない児童・生徒への心理的影響などの発表も見られた。今後の動向を含めて継続して分析する必要がある。⑤今回1970年代以前の教師の教育事例分析の必要から、敗戦直後まで遡り原爆後の平和教育、基地教育、貧困教育、人権教育など多数の問題に教師が取り組んでいる事例を分析できた。⑥1970年前後に教師の教育実践発表の中で原発問題を取り扱っている事例が多いことが改めて明確になった。これは第一に原子力問題に対する日本特有の風土と教師の平和市民としての意識があること。第二に原子力問題をめぐる事故が発生していたこと。第三にエネルギー政策として安定供給策から原子力発電所が各地に設置されていった影響等が挙げられる。

　未来の公害教育は、日本の公害教育の実践事例を海外で環境教育実践として生かしていく必要性を痛感している点を述べる。偶然にもモンゴルの国立農業大学で２年間の講義を実践し次のような知見を得た。①モンゴルウランバートル市内の大気汚染は北京の大気汚染公害のレベルをはるかに超えた猛

69

烈なレベルであること。②大気汚染の悪条件下でも、市民等（学生を含む）は大気汚染の悪影響を口にすることなく生活していること。幼児・児童の喘息罹患率が増加しているが、「口に出してはいけない」という現実の声があること。③この地で環境教育への関心が徐々に高まり、環境教育のテキスト化が学校現場で始まろうとしていること。④汚染解決のため日本の研究者の招聘が望まれていること。⑤日本から優れた環境保全技術と環境開発対策の支援が望まれていること等である。この点から、日本の公害教育は、今後、海外の環境対策やまちづくり政策において未来の途上国の教師が公害問題に取り組む時、児童・生徒の命を守り健康を育てる教育として欠かせない環境教育事例として考えられることを最後に述べたい。

これこそ公害教育現場で教師達が環境課題に取り組み、勝ち得てきた「地域」のローカルな知を未来の世界に活かす使命を帯びた学といえるのではないか。

第4章　自然体験を責任ある行動へ
―自然体験学習論―

降旗　信一・李　在永

　2001年6月に改正された社会教育法では市町村の教育委員会の事務事項として、家庭教育、青少年に対する社会奉仕体験活動、自然体験活動その他の体験活動の機会の提供が付加された。この法改正とほぼ時を前後して、文部科学省をはじめとする各省庁では自然体験活動の普及に向けた施策を次々と打ち出している。また、2003年7月に成立した「環境の保全のための意欲の増進および環境教育の推進に関する法律」では、その基本理念として「森林、田園、公園、河川、湖沼、海岸、海洋などにおける自然体験活動その他の体験活動を通じて環境の保全についての理解と関心を深めることの重要性」が明記されている。

　こうした国や行政機関による取り組みの一方、2000年5月には自然体験学習に関する指導者の共通登録制度の推進をめざして100以上の関係団体により自然体験活動推進協議会（CONE）が設立された。この協議会には、ボーイスカウト、ガールスカウト、日本野鳥の会といった多数の会員を擁する全国規模の団体も参加しているが、その一方で小規模ながらも自然体験学習の専門家として各地域で持続的な活動を展開している自然学校が多数参加している。青少年を対象とした自然体験学習は従来、主にスポーツ・青少年団体や自然・環境保全団体によって担われてきたが、自然体験学習への期待の高まりや学習ニーズの質的変容とともに、近年、自然体験学習の専門指導者組織としての自然学校が各地に誕生している。こうした自然学校の中にはNPO・NGOの形態をとるものが多いが企業の社会貢献事業として実施される例もある。

　このように官民をあげた自然体験学習の取り組みは、どのような歴史的な

背景をもっているのだろうか、また、現代の自然体験学習の内容と方法はどのようなものだろうか、さらに環境教育の目標に向けた自然体験学習の学習過程とはどのようなものなのだろうか、本章ではこうした視点から今日の自然体験学習の姿を探ってみたい。

1 自然体験学習の成立と発展

（1）自然体験学習の源流としての自然保護教育

　今日の自然体験学習の源の１つは自然保護教育である。自然保護教育の源流の歴史は自然保護運動との関係でみることができよう。日本での最古の自然保護の記録としては、西暦721年に仏教の伝来に伴う死生観から殺生禁断の令が制定されており1685年には、５代将軍徳川綱吉が生類憐みの令を出している。明治以降は、1873年には鳥獣狩猟規則が交付され、1919年に史蹟名勝天然記念物保存法が制定、1931年に国立公園法が制定され、1934年には日本野鳥の会が、1951年には日本自然保護協会などの自然保護団体が発足している。自然保護教育に関する本格的な歴史としては、日本自然保護協会により1957年に政府に提出された「自然保護教育に関する陳述書」が先駆的な存在として知られている。その後、1960年代になると地域の自然観察会などの形で市民運動として実践されるようになり、1970年の初の自然保護市民集会「自然環境を取り戻す都民集会」につながった。このような自然保護教育の源流は、開発や経済成長よりも自然環境の保全を重視するという立場をとりながら、1970年代には、日本ナチュラリスト協会設立など子どもたちの自然観察運動の高まりや、日本自然保護協会による1978年の「自然観察指導員養成講座」の開始といった自然観察会運動として発展してきた。

　また1960年代から70年代にかけての公害教育実践の中でも地域調査学習として自然体験学習が行われている。市民や教師たちによるこうした地道な地域実践の一方、1992年の地球サミットを契機に環境への社会的関心が急速に高まり、1993年に環境基本法が成立し、この中で環境学習・環境教育が法的

第4章　自然体験を責任ある行動へ

に位置づけられた。環境基本法の制定にともなう環境基本計画には自然体験
や生活体験の積み重ねが重要であることが明記された。さらに1990年代後半
以降、里山保全やビオトープづくりなどの地域の自然再生運動が各地で展開
され、2003年にはこうした自然再生活動やそこでの自然環境学習の推進を主
眼とした法制度として、「自然再生推進法」および「環境の保全のための意
欲の増進および環境教育の推進に関する法律」が制定されている。自然保護
や公害反対といった開発反対運動から始まった自然保護教育の源流は、今日
では熱帯雨林保護など海外での活動も含めた一連の自然再生・環境保全運動
へとつながっており、環境的行動をいかに育むかという課題への取り組みと
して展開されている。

（2）自然体験学習の源流としての野外教育

　一方、野外教育も今日の自然体験学習の源流の1つといえる。自然を主に
青少年教育の場として積極的に活用していこうという野外教育では自然の中
で個人がどのように学習や成長をとげるかという点が重視されてきた。この
ような形での教育活動は青少年のキャンプという形で1880年に設立された東
京YMCAを始め、1909年の日本YWCA、1919年のボーイスカウトキャンプ、
1920年の大阪YMCAキャンプ、同年のガールスカウトキャンプなど、大正
時代から昭和初期にかけてYMCA、YWCA、ボーイスカウト、ガールスカ
ウトなどの青少年団体において実施された。「野外教育」という用語は、
1940年代頃からアメリカで使われはじめたOutdoor Educationを紹介する形
で日本でも1960年代頃から使われはじめたといわれる。キャンプを中心とす
るこれらの野外教育の流れは、1958年に体育局が文部省に設置され、1961年
にスポーツ振興法が制定され、その中に「野外教育」という用語が使用され
たことにより2つの流れへと変遷する。その一方は、「キャンプ」「ホステリ
ング」「サイクリング」などのスポーツ振興法における野外活動の種目を普
及する野外活動の流れであり、1951年設立の日本ユースホステル協会や1966
年設立の日本キャンプ協会などの野外活動団体のネットワーク団体として

73

1977年に日本野外活動団体協議会が設立されている。この動きに先立つもう一方の流れは、従来からのYMCAやボーイスカウトによる青少年教育の流れである。これらの青少年団体のネットワーク団体として中央青少年団体連絡協議会が発足したのは1952年であった。このように「青少年教育」と「スポーツ」とに二分されていた野外教育の潮流であったが、1997年に文部省内に設置された青少年の野外教育の振興に関する調査研究者会議は「野外教育とは自然の中で組織的、計画的に、一定の教育目標を持って行われる自然体験活動の総称である」という野外教育概念の整理を行った。また、それまで文部省内で、野外活動が体育局、青少年教育が生涯学習局という形で分断されていた野外教育の行政機構上の担当部署が、2001年1月の省庁再編で設置された文部科学省においては同じスポーツ青少年局として一元化されている。

　野外教育の実践は、スカウトやYMCAなどの青少年団体や国立青年の家・少年自然の家などの青少年教育施設が主要な担い手や場となって発展しており、主に青少年の状況の変化に対応した流れとして捉えることができる。1970年代までの、青少年教育における野外教育の位置づけは、1961年制定のスポーツ振興法に象徴されるように、子どもたちの心身の健全な発達や集団活動の奨励の文脈で展開されることが主だった。その後、1980年代に入り、子ども・若者たちの「集団離れ」が目立つようになり、それらと相まって子どもの居場所づくりが問題となってきた。この背景には、校内暴力、対教師暴力、いじめ、不登校といった「教育病理」「学校荒廃」といわれる問題の多発があり、こうした教育病理現象は1980年代後半に一時減少する傾向をみせたものの1990年代に入って再び増加してきた。子どもたちをとりまくこのような一連の問題が重要な教育課題と受けとめられた結果、1996年に中央教育審議会一次答申「21世紀を展望した我が国の教育の在り方について」において、「生きる力」の育成や「総合的な学習の時間」の展開を目指すことが明記されるとともに、完全学校週5日制が初めて提起され、学校のスリム化や学校・家庭・地域の役割について提言された。こうした国としての取り組みの一方、1990年代以降、地域社会における子どもの居場所づくりが、児童

第4章　自然体験を責任ある行動へ

福祉施設や社会教育施設の拡充や「冒険遊び場」「子ども劇場」などのNPO運動として展開し、こうした学校外の青少年教育実践を行なう団体の中に自然体験学習を積極的に取り入れる団体も現れはじめた。こうした一連の自然体験学習に期待されたのは、自然とのふれあいを通じた心の豊かさであり、「生きる力」の育成であった。このように自然体験学習の源流としての野外教育は、「心身の健全な発達」から「生きる力」に至る一連の教育的課題に対するとりくみとしてとらえることができる。

（3）新しい自然体験学習の潮流としての自然学校運動

　これまでみてきたように、従来は自然保護教育や野外教育の流れの中で、その一部として展開されてきた自然体験学習であったが、特に1990年代後半以降、新たな実践の流れが展開されつつある。それが自然学校運動である。

　自然学校運動が成立する背景には、自然保護教育、野外教育のそれぞれの実践が抱える課題があった。開発反対から自然再生・環境保全に至る自然保護教育は、当初、自然を貴重な動植物や景観といった形でとらえていたが、こうした自然保護運動は人々の生活課題に直接つながらず大衆の支持を得にくいという限界があり、自然のとらえ方を地域の文化や社会のあり方にまで拡げることでこの限界を乗り越える必要があった。一方、「心身の健全な発達」から「生きる力」に至る青少年の状況の変化に対応する野外教育の流れでは、「生きる力」の内実でもある自己と自己をとりまく環境との関係性におけるエンパワーメント（力量形成）がめざされたが、そこでは対人関係のみならず、活動対象を自らの暮らす地域や自然との関係にまで広げて捉えることが志向されてきた。このことを学習課題との関係でみると青少年の状況の変化に対応する従来の野外教育では、学習課題は自己や仲間や社会に関連したものであり、主に「人－人」の関係性が中心であった。また自然保護教育における学習課題は生態学的環境や自然保護に関連したものが中心で、その焦点は「人－自然」の関係性におかれていた。自然学校運動は、こうした両者がもっていた限界を、学習課題を「人－（人と自然の共生体としての）地域」

75

図 4-1　自然学習運動の成立と発展

	野外活動・野外教育の源流における主な動き	自然学校の動き	自然保護教育の源流における主な動き
2005			「国連持続可能な開発のための教育の10年」開始（2005）
2004	子どもの居場所プラン「子ども地域教室」		
2003			環境教育推進法制定（2003） 自然再生推進法（2003）
2002	国立青少年教育施設の独立行政法人化（2001） 学校教育法・社会教育法	自然体験活動推進協議会（CONE）発足	新・生物多様性国家戦略（2000）
2001	改正（2001）	初の国立自然学校「田貫湖ふれあい自然塾」オープン（2000）	森林・林業基本法改正（2001）
2000	生涯学習審議会答申、子ども長期自然体験村		
1999	（1999）	自然学校指導者養成制度開始（1999）	食糧・農業・農村基本法（1999）
1998	野外教育企画担当者セミナー開始（1998）		
1997	日本野外教育学会（1997） 中教審「生きる力」答申		河川法改正（1997）
1996	（1996） 文部省野外教育研究協力	自然が先生全国市民の集い（1996）	
1995	者会議設置（1995）	自然学校宣言（1995）	
1994			
1993		日本アウトドアネットワーク（1993）	環境基本法制定（1993）
1992		日本環境教育フォーラム（1992）	地球サミット（1992） 文部省「環境教育指導資料」
1991			（1991）
1990			日本環境教育学会（1990）
1989			
1988	フロンティアアドベンチャー事業（1988）		
1987		第一回清里フォーラム（1987）	

⇑　⇑　⇑

	野外活動・野外教育の源流における主な動き	自然学校の動き	自然保護教育の源流における主な動き
先駆的な動き	日本野外活動団体協議会設立（1978） 日本キャンプ協会発足（1966） スポーツ振興法（1961） 初の国立青年の家（1959）	日本ネイチャーゲーム協会（当時はナチュラリスト環境教育センター）発足（1996） キープ協会環境教育事業部発足（1984） 国際自然大学校発足（1983） ホールアース自然学校（当時は動物農場）発足（1982） オークヴィレッジ発足（1974） 日本ナチュラリスト協会発足（1973）	自然観察指導員制度の開始（1976） 環境庁発足（1971） 自然環境を取り戻す都民集会（1970） 自然保護教育に関する陳述書提出（1957） 日本自然保護協会発足（1951） 日本野鳥の会発足（1934）

の関係性として再編することで、従来の運動の限界を乗り越えようとする新しい試みとしてはじまった。地域を基本的な活動基盤とする自然学校運動は、学校週5日制への対応、子どもの体験不足、地域振興、過疎・少子化対策、観光資源の開発、川づくりや森づくりへの住民参加の推進などの課題と直面する都市および農山村の各地域にとっても、地域活性化につながる試みとして歓迎されている。そして、こうした新しい地域課題に対応するため、従来のスポーツ・青少年団体や自然・環境保全団体が行っていたキャンプや自然観察といったプログラムに加え、新たな学習方法や指導者としての力量が求められるようになり、自然体験学習の専門家組織が必要とされるようになったのである（**図4-1**）。

2　自然体験学習の内容と方法

（1）「**自然体験**」とはどういうことか

　自然体験学習という用語は、「自然」と「体験学習」、あるいは「自然体験」と「学習」のように言葉の組み合わせとして捉えることができる。前者のように理解するのであれば、「自然の中で行なう体験学習」という解釈が成り立つだろう。一方、後者のように理解するとすれば、「自然体験を通した学習」という解釈が考えられる。この両者の解釈上の差を決定づけているのは、自然と体験の関係性のとらえ方にあるといえる。

　体験学習には、「生活体験学習」や「奉仕体験学習」など、さまざまな「体験学習」が存在しているが、自然体験学習を特徴づけているのは「自然体験」にある。そこで、ここでは、自然体験学習を「自然体験を通した学習」(learning through experiencing nature) とみることにしたい。

　「自然体験」という言葉も「自然」と「体験」の2つの言葉の組み合わせである。私たちが日常的にイメージする自然体験とは、自然観察やバードウォッチングなど野生動植物についての理解を深める知的活動、農業体験や森づくりなどの生産労働的活動、あるいは工芸や陶芸などの芸術的活動、さら

には登山やカヌーなど野外でのスポーツ活動などであろう。こうした活動の中で「自然」はどのようなものとしてとらえられているのだろうか。まず自然の明確なイメージとして浮かびあがってくるのは木や野鳥や岩や空といったいわゆる天然の生物や無生物である。生物では、それは「生態系」や「種」や「個体」といった単位で認識されているし、無生物でも「石灰岩」や「冥王星」などというように一定の形や特徴をもった物体として認識される。そうした生物や無生物を細分化してみていけば、最終的にはゲノム（全遺伝情報）や分子といった素材の組み合わせであるから、こうした形のもととなる素材も「自然」として認識することができる。その一方、生態系における物質循環や生物たちの様々な行動、あるいは熱の伝導や重力の法則など、自然界で起きている様々な「運動」や「力」も「自然」として捉えることができるだろう。さらにこうした見方に加え、さまざまな「自然」を存在させている「目的」や事物を生み出す「原理」も「自然」なのではないかとする見方もある。

「自然」をどのように見るかによって自然体験の対象も変化する。今日の自然体験学習の中には、自然を調査、観察、実験といった手法より、自然をより分析的に観察することでこれを人間の目的に有効活用していこうとする見方がある一方、人間に試練を与えるものとして、克服の対象としての自然が強調される場合もある。また、自然への畏怖や畏敬の念を呼び起こすことを強調する自然体験学習もある。だが、今日の環境問題や持続可能性の問題を考えると、今日の自然体験学習において、自然を畏怖や崇拝の対象としてその神秘性を強調することや、また自然を機械のごとくみなして人間が自然を思うままに操作できるといった自然の見方は我々のとるべき自然観とはいえないだろう。山川草木はもとより人間も他の自然物と同様、その円環の一部として活かされている存在であるような「自然」を今日の自然体験学習の対象としてとらえなおす必要があるのではないだろうか。

次に「自然体験」の「体験」についても考えてみよう。「体験」はexperienceであり、これは「経験」とも訳される。「体験」とは、「経験」の

うち、特に何らかの形で独立して認識されるものである。この知覚によって得られる表面的な現象ではなく、自己と世界との現実的な応答関係のことである。このような応答関係性の中には、日常的な経験とは別に、時として私たちが出会う自己と世界とを隔てる境界が溶解してしまう陶酔の瞬間や脱自的な恍惚の瞬間も含まれる。すなわち「自然体験」とは、私たちが生まれてから今日までに経験してきた、あるいはこれから先、経験するであろう様々な出来事の中で、特に「自然との応答関係性」として独立して認識される出来事といえる。

　ところで、ここで忘れてはならないのは、「体験」は「経験」でもあるということだ。「経験」についてヘーゲルは「意識が知のもとでも対象のもとでもおこなうこの弁証法運動こそが、そこから新しい真なる対象が意識に生じてくるかぎりで、まさしく『経験』と呼ばれるものである。」(『精神現象学』)と述べている。意識がある対象に対してある「経験」をした場合、そこに新しい「知」が生じ、その結果、最初の対象も変化する。このような対象（環境）と知（主体）との間の弁証法的関係が「経験」なのであり、「経験」は絶えず蓄積され、次の「経験」を形成していくという点で学習でもある。この関係性を踏まえれば、自然体験学習とは、地域に暮らす子どもや大人たちと地域の（人間も含めた）自然との応答関係性を生涯における学習過程としてとらえられるべきものといえよう。今日の環境教育においては、「体験」の重要性が指摘される一方、「体験が行動につながらない」との指摘がなされてもいる。自然体験学習の文脈でなされる様々な「体験」を、本来その学習者（子ども）の人生において連続性をもっているはずの「経験」から切り離さない不断の努力が求められている。「経験」とは、環境との間で相互規定的、弁証法的関係を繰りかえしながら、自己組織化していく動的システムでもある。我々はその根底に応答的世界観をもった共生・共同の原理を見るべきであり、こうした観点から各地で展開されている自然体験学習実践を再評価する必要があるのではないだろうか。

（２）地域での協同の学びとしてのワークショップ

　自然体験を「自然との応答関係性」としてみた場合、自然体験学習の方法はいかにあるべきだろうか。これまでも述べてきたように自然体験学習は、地域に暮らす人々が地域の自然との関係を学ぶプロセスである。『エンパワーメントの教育学』（鈴木敏正、1999年）によれば、このような学びとは、なりゆきまかせの生活や労働のあり方を問い直し、自分の力を見直し、信頼し、社会的実践を通して自己変革をしていくような地域住民の地域住民自身による「意識改革」の過程、すなわち自己教育過程である。さらに、このような現実的な環境や社会関係を変革し創造する主体になるために必要な力量を形成することをエンパワーメント（主体的力量形成）と呼ぶ。このようなエンパワーメントの概念は、社会的不利益を受けてきた人々だけに限定されるものではなく、様々な地球的問題と個人レベルの課題が噴出している現状で、それらに対応していくためにも、それらを解決する主体的な力量を形成することが必要になってきている。自然体験学習で求められているこうした学びの基本的なプロセスは、いわゆる自然の法則性や多様性を学習する「意識化の学習」だけでなく、学習者自身の日常的な生活や意識を反省的に捉え見直す「自己意識化の学習」を前提とした、人間と自然との実体的な「関係」の認識であり、その関係を不断に形成している人間の労働、そして新たに環境を創造していく人間の主体的な実践の理解、すなわち「『現代の理性』形成の学習」である。さらに、自己教育活動過程の最終段階としては、地域住民がみずからの自己教育・社会教育活動を総括し、これから何のために何をどのように学習・教育していくのかを計画する「『自己教育主体の形成』の学習」が課題となる。自然体験学習の内容や方法として、この①意識化の学習、②自己意識化の学習、③『現代の理性』形成の学習、④『自己教育主体の形成』の学習、の４つの過程が地域において重層的・連続的に展開される必要がある。さらに、こうした学習は、地域に暮らす人々がみずからに必要なものを協同して創造していく過程でもある。そこで、こうした過程を念頭

におきながら自然体験学習の方法を「自然体験学習ワークショップ」として
提示したい。

（3）自然体験学習ワークショップの考え方

　自然体験学習ワークショップを構想する際、「自然と人との関係性」と「人
と人の関係性」をそれぞれどのように理解するかが問題となる。ワークショ
ップは、その焦点が「人と人の関係性」にあてられてきた。自然体験学習ワ
ークショップでは、「自然と人との関係性」への理解を深めた上で、ワーク
ショップ本来の「人と人の関係性」との統一的な理解が必要である。ここで
は「自然と人との関係性」について「言語的コミュニケーションと労働の弁
証法」（尾関周二、2002年）が主張する「エコ労働」と「自然へのコミュニ
ケーション的態度」を手がかりに、人間と自然の物質的代謝（物質的生活過
程）を媒介する労働のあり方と、自然と人間の精神的代謝（精神的生活過程）
を媒介するコミュニケーションのあり方を考えてみよう。

　労働をめぐる今日の問題状況としては、「労働の哲学」とも見なされたマ
ルクス主義において労働は生産的労働として評価され、労働生産性の資本主
義的追及は批判されたものの生産力上昇それ自身は肯定されてきた。この生
産力上昇志向が、資本主義社会のみならず、社会主義社会を含めて環境破壊・
公害を生み出し、今や地球それ自身の破壊をもたらすところに至ったとして、
労働と科学技術のあり方を見直すことが求められている。ここで見直さなけ
ればならないのは、古典経済学の「労働価値説」が、生産物の価値を人間労
働が自然素材に付加されることによって生み出されるものとしてのみ理解し、
自然が価値形成にかかわることを否定するものだったという点である。つま
り自然そのものには価値はなく人間の労働が加わった場合にのみ価値が生ま
れると考えられてきたのである。このような考え方に立つ限り、自然に対し
て物質的な働きかけを行う人間労働は常に人間による自然の搾取という構造
に陥らざるを得ない。そうではなく労働の成果としての生産物の価値は、人
間単独によって生み出されるものではなく、人間と自然とが一緒に生み出す

「森は海の恋人運動」の学習会（筆者撮影）

ものというように考える必要があるのだ。このような労働を従来の労働と区別する上で、「エコ労働」として、あらためて今日の「農」における労働の問題を捉えた場合、そこには従来の産業経済的な視点からの生産物のみならず、生活世界の視点、さらには文化的・文明論的視点からの生産を再評価することができる。ここでは自然もまた人間とともに「労働する」のである。農業では、日本における水田の水利用のように、長い労働とその技術的知識の蓄積によって形成された環境保全的な風土的自然があり、この生活世界に固有の風土的風景、生態系の形成に関わる労働に媒介される再生産をみることができる。このようなエコ労働の具体的な実践例として、最近各地で地域の住民や子どもたちも参加して行われる森づくり、里づくり、川づくり、海づくりなどの実践があげられる。滋賀県琵琶湖周辺で始まった「菜の花プロジェクト」、茨城県霞ヶ浦の「アサザプロジェクト」、宮城県気仙沼市で行われている「森は海の恋人運動」などはその先駆的な試みとみることができよう。

　自然体験学習ワークショップにおける「自然と人との関係性」のもう1つの視点として、人と自然の精神的代謝（精神的生活過程）を媒介するコミュ

第4章 自然体験を責任ある行動へ

ネイチャーゲーム「木の鼓動」(筆者撮影)

ニケーションのあり方としての「自然へのコミュニケーション的態度」がある。尾関周二は、前述のエコ労働のように労働とそれにかかわる科学技術・経済システムのありようといった視点が不可欠であるにしても、そこにのみとどまるのは不十分であるとの認識から、エコロジー的な感情・メンタリティのもつ文化的な積極面を適切に評価することが極めて必要であるとして、人間と自然の間のコミュニケーションの視点の導入を提言している。この場合に重要なこととして、このコミュニケーション的態度は単なる虚構ではないということである。われわれが自然をまったく客体視し、経済成長のためのたんなる資源にすぎないとするような産業主義的・科学主義的態度から脱皮するとき、自然自身がわれわれとの外的・内的相互作用において、しばしば文字通りのコミュニケーションが成立し、コミュニケーションの恒常的な相手となりうるのである。具体的な実践例としては、日本ネイチャーゲーム協会が全国で普及しているネイチャーゲームや山梨県清里のキープ協会がエコロジーキャンプとして実践しているプログラムの中で、「自然へのコミュニケーション的態度」を育む実践活動が展開されている。

　これまで「自然と人との関係性」について労働とコミュニケーションの視

点からそれぞれ「エコ労働」と「自然へのコミュニケーション的態度」をみてきたが、この両者は独立して展開されることがあっても、物質（労働）と精神（言語）による自然の対象化という点で内的に連関していることを忘れてはならない。その上で、自然体験学習ワークショップは前項で述べた地域での協同の学びとして、自己と社会の双方の変革をめざして展開される必要があるといえよう。

3　環境教育の目標と自然体験学習

（1）環境教育の目標としての「環境に責任ある態度」

　環境教育の一環として自然体験学習をすすめるにあたって、学習者と教育者が共有しておくべき目標とはどのようなものだろうか。米国では1970年に環境教育法が制定された影響もあり、早い時期から環境教育の目標に関する議論が行われてきた。

　1970年代前半に始まった米国の環境教育研究は、環境問題の解決に向けた能力や技術の向上という課題意識をもってはいたものの、実践の場でカリキュラム（教育内容）を構想するための具体的な目標が欠落しているとの批判が当初から指摘されていた。国際的には、1975年のベオグラード会議や77年のトビリシ会議で環境教育の目的や目標が合意されたが、米国の環境教育研究者たちは、例えばトビリシで示された「関心」「知識」「スキル」「姿勢」といった目標が、教育実践上の目標とするには抽象的すぎるとみていた。このため南イリノイ大学のH・ハンガーフォードらは、トビリシ会議の翌年の1978年3月、全米環境教育学会において「環境教育カリキュラムの開発目標」の原案を示し、1980年に「1．生態学的な理解のレベル（Ecological Concept level）」「2．人の暮らしが環境に影響を与えることへの気づきのレベル（Conceptual Awareness level）」「3．環境問題を探り、評価するレベル（Issue Investigation and Evaluation level）」「4．環境的行動へのスキルを身につけるレベル」（Environmental Action Skills level）」の四段階から

構成される「環境教育カリキュラムの開発目標」を発表した。今日の米国の環境教育学では、この四段階の目標のうち、前半の二段階に対応するカリキュラムが数多く展開している一方、これだけでは後半の二段階の実現にはつながらないことが指摘されており、第三段階、第四段階のプログラムを開発し普及する必要があることが強調されている。このように様々な研究者たちがベオグラード会議やトビリシ会議といった国際会議での合意に基づき、環境教育の目標の構造化に取りくんだが、環境教育の究極的な目標として当初から認識されていたのが「環境に責任ある行動（Responsible Environmental Behavior）」の獲得であった。そこで、ハンガーフォードらは「環境に責任ある行動」の形成への要因を探るため、当時の様々な研究者の主張の中から、「環境への感性」「環境的行動戦略の知識」「環境的行動戦略のスキル」「個人の統制の位置」「集団の統制の位置」「性的役割」「汚染問題への姿勢」「技術への姿勢」という8項目を要因として仮説的に設定し、さらに「環境に責任ある行動」を「消費行動」「環境管理行動」「説得行動」「法的行動」「政治的行動」という5項目として設定した上で、シェラクラブとエルダーホステルという2つの団体の会員たち171名を対象として「5つの行動」と「8つの要因」の相関に関する調査を実施した。この研究の結果、仮説として設定した8要因の中で特に「環境への感性」「環境的行動戦略の知識」「環境的行動戦略のスキル」の3要因が「環境に責任ある行動」への寄与率の高い要因であることが示された。この研究により、「環境教育カリキュラムの開発目標」の第四（最終）段階であった、「4．環境的行動へのスキルを身につけるレベル」の重要性もあらためて認識されることになった。

　1980年代には様々な研究者が「行動」と「要因」の相関に関する調査を行ったが、それらの研究はいずれも、「環境への責任ある行動」に至るプロセスは、従来考えられていたような「知識」→「姿勢」→「行動」といった単純な線形モデルでは説明がつかないことを示していた。ハンガーフォードらは1990年に、当時の様々な研究成果を総合的に検討し、「環境に責任ある行動」の形成には「エントリーレベル（入り口の段階）」→「オーナーシップレベ

図4-2 行動へのフローチャート:「環境に責任ある市民としての行動」につながる

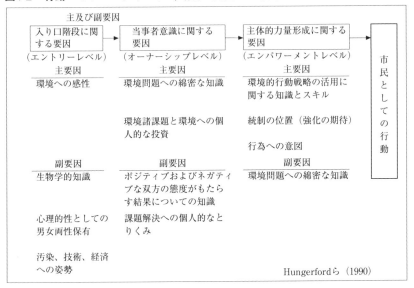

ル（当事者意識の段階）」→「エンパワーメントレベル（力量形成の段階）」という3段階があり、それぞれの段階ごとに主要因と副要因が存在するというモデルを発表した（**図4-2**）。

（2）「環境に責任ある行動」につながる自然体験

ところでハンガーフォードらが「環境教育カリキュラムの開発目標」を発表した1980年代頃、南イリノイ大学の大学院生としてハンガーフォードの指導を受けていたN. ピーターソンは、「環境教育カリキュラムの開発目標」の中で、参加者の意欲を高めるために重要とされていた「環境への感性」に着目し、環境教育指導者たちの「環境への感性」がどのような体験から生まれるのかを探ろうとした。このとき、ピーターソンはハンガーフォードからの紹介でアイオワ州立大学のT. ターナーの夏季セミナーに参加し、そこで当時、ターナーが研究を開始していたSignificant Life Experiences（環境的行動につながる重要な体験＝SLE）の調査手法を学び、自分の調査に導入した。そ

第4章　自然体験を責任ある行動へ

表4-1　環境保護関係の職業選択への影響

影　　　響	全解答者中の回答者の割合（%）
自然のある場所	78
居住地：よく訪ねた場所	58
両親	47
教師	31
本	29
他の大人	27
居住地の移り変わり	24
野外での単独体験	7
その他	31
（うち海外旅行）	11

注：Chawla（1998）が、Tanner（1980）をもとに作成 n＝
45（男性37名、女性8名）なお、これらの影響の大半は
子ども時代か思春期に発生している。

してその結果、環境教育指導者たちの「環境への感性」が「野外」「家族」「自然のしくみの学習」など、自然体験にまつわるものから生まれているというターナーの研究結果と関連付けることのできる結果を得た。この研究でピーターソンは、「環境への感性」を「感情移入的な視点にたった環境観につながる一連の情緒的特性」と定義づけ、環境的行動への不可欠の条件として「環境への感性」の重要性を述べている。

　ここでピーターソンが参考にしたターナーの調査とは次のようなものである。1970年代後半、ターナーは全米規模の環境保護団体の役職員を対象に、①自然保護の仕事を選んだことへの形成的影響のふりかえりについて自分史的に説明してもらうこと、②その影響を受けた年数と現在の年齢、③保護活動に関する実績一覧、の3点を質問紙調査により尋ね45名から回答を得た。ターナーは、これらの回答の記述内容を分析し、形式的影響を9区分として類型化し、それぞれ各区分に該当する回答者数がえられた（**表4-1**）。

　この調査で質問への協力を依頼した手紙には、形式的影響の要因について先入観を与えるような示唆を何ら示さなかったにも関わらず、45名中、44名が形式的影響のもとになったのが「野外体験」だと記し、35人（78%）について、それはとりわけ強いものであった。こうした結果から、ターナーは、「環境活動家にとって、子ども時代に近所の比較的人の手が入っていない場所で、

87

単独あるいはごく少数の友人と過ごした様々な体験が非常に重要なものではないか」という自らの仮説が一定の説得力を持ち得ること、今後の課題として調査対象者を自然保護団体関係者のみならず様々な環境保護運動の分野の関係者に広げることの重要性などを発表した。

　ターナーやピーターソンの先駆的研究により出発したSLE研究は、その後、さまざまな研究者により、その原理、調査対象、調査方法などが探られている。このSLEの意味について、ハンガーフォードらにより提示された「環境に責任ある行動」の形成過程モデル（**図4-2**）によれば「環境への感性」が「エントリーレベル（入り口の段階）」の「主要因」と位置づけられており、SLEがこのモデルにおける「環境への感性」の基礎概念を形成しているといわれている。「環境への感性」の重要性は、環境教育における自然体験学習の意義を理論的に裏づける根拠として、『センス・オブ・ワンダー』（カーソン、1991年）や『イマジネーションの生態学』（コッブ、1986年）をはじめこれまで多くの論者により指摘されてきた。SLE既往研究における調査結果は、「環境に責任ある行動」の前提となる「環境への感性」の要因としての自然体験の存在について一定の実証的成果をあげているといえる。

（3）「体験」から「行動」へのプロセス学習

　「環境保全の意欲の増進及び環境教育の推進に関する基本方針」（2004年）では、環境教育を進める手法の考え方として、環境教育活動を①「関心の喚起→理解の深化→参加する態度や問題解決能力の育成」を通じて「具体的な行動」を促し、問題解決に向けた成果を目指すという一連の流れの中に位置づけること、②知識や理解を行動に結びつけるため、自然や暮らしの中での体験活動や実践体験を環境教育の中心に位置づけることや子どもにとっては遊びを通じて学ぶという観点が大切になること、その際、指導にあたっては体験や遊びを行うこと自体が目的化されないよう留意すること、などが示されている。こうした環境教育的視点から、今日の自然体験学習には、自然体験活動などによる「体験」から問題解決に向けた「行動」までを一連の学び

第4章　自然体験を責任ある行動へ

のプロセスとして捉える学習が求められている。

　ところで、SLEの既往研究が明らかにしてきたのは、環境的行動をとる人々は、その人格形成過程における特定の体験の影響を受けており、その体験の多くは、野外で家族や少人数の友人と過ごすこと、学校や団体での自然体験活動など、いずれも自然体験に関係するものであるということだった。このSLE研究の成果をもとに、学習者が自らの行動と体験との関係を意識化する学習プログラムとして再構築することを試みた。ここでは参加者が自らの「環境に責任ある行動につながる重要な体験」であるSLEの存在を探り、自身の「行動や態度」の特質および、「行動」に影響を与えたとみられる「体験」の特徴を探るための調査学習の形で以下のように実施した。なお、便宜上以下の記述では、環境に責任ある行動である「環境的行動」（Responsible Environmental Behavior）をREB、「環境的行動につながる重要な体験（Significant Life Experiences）」をSLEと記す。

　この調査学習の対象となったのは、新潟、群馬、茨城、埼玉、東京、千葉、奈良、大阪、兵庫、広島、山口、鹿児島の12都府県の環境教育団体の役員188名であり、さらに比較対象として東京都西部にあるF市公民館利用者25名にも調査に参加してもらった。調査は全体を①予備調査（調査手順の確立、分類区分の設定、調査用紙の設計）、②ワークショップ調査（回答者によるREBおよびSLEの記述、ワークショップ方式による回答者の記憶の確認と修正、回答者による分類区分の選択）、③比較調査（比較調査対象者に関する調査）、④インタビュー調査（ワークショップ調査で得られた特徴的な回答の詳細な把握）の四段階に分け実施した。

　調査の内容はまず、環境教育を学ぶ大学生8名と環境教育団体の職員4名を対象に計3回の予備調査を実施し、まずREB、SLEそれぞれについて、5cm四方のポストイットにそれぞれ記入後、お互いに発表した上で話し合いをしながら分類区分を抽出してもらった。その後、抽出された分類区分を記号化し、その記号を回答用ポストイットに記入してもらった。こうしてREB6区分、SLE9区分を設定し、それぞれ記号化した。

89

表 4-2　REB の集計結果

REB 区分	環境教育団体役員		公民館利用者	
	回答数割合（%）	回答者数割合（%）	回答数割合（%）	回答者数割合（%）
消費（C）	35.9	63.8	24.3	44.0
参加（PA）	12.0	26.1	21.4	44.0
普及（PR）	18.0	39.4	20.0	40.0
自然体験（NE）	19.3	42.0	15.7	36.0
職業（W）	9.4	22.9	11.4	20.0
学習（L）	4.8	13.3	5.7	16.0
その他（O）	0.6	1.6	1.4	4.0
	N=523	N=188	N=70	N=25

　次に予備調査にて設計した調査用紙と分類区分を使用して本調査を実施し、188名（平均年齢48.6歳）より回答を得た。この調査では、予備調査の結果を踏まえ、REBの質問としては「あなたがこれまでに行った環境的行動にはどのようなものやことがありましたか？　もっとも顕著と思われるものを三つ以内であげてください。」、SLEの質問項目としては「あなたの態度や行動に大きな影響を与えた重要な体験や出来事が過去にありましたか？　あるとすればそれはどのようなこと（もの）ですか？　もっとも重要と思われるものを三つ以内であげてください。また、その中でも決定的と思われるものがありましたら［決］と記してください。」という問いを設定した。この調査から、次の特徴が見られた。

　まず、集団調査によるREBに関する回答の結果を示す（**表4-2**）。回答者188名に３枚以内で環境的行動の記述を依頼した結果、523回答が寄せられた（１名平均2.78回答）。予備調査によって設定した６行動区分を示した上で、最も適合すると思われる区分を選択してもらった結果、全回答中の35.9％にあたる188回答が「消費」となり、続いて「自然体験」「普及」「参加」「職業」「学習」「その他」の順になった。「消費」とされた回答は「有機野菜食品を購入する」「なるべく車に乗らない」「ゴミの分別をしている」といった物品やエネルギーの購入、使用、廃棄時の環境への配慮行動が主なものだった。「自然体験」では「自然観察指導」「ネイチャーゲームや自然体験活動の指導」「地

第4章　自然体験を責任ある行動へ

表4-3　SLE の集計結果

SLE 区分	環境教育団体役員		公民館利用者	
	回答数割合 (%)	回答者数割合 (%)	回答数割合 (%)	回答者数割合 (%)
自然体験（NE）	32.6	60.1	24.2	44.0
職業（W）	5.5	13.3	12.9	24.0
自然・環境の喪失実感（LN）	15.0	31.9	9.7	16.0
本・メディア（M）	9.2	18.6	4.8	12.0
家族（FA）	12.5	29.3	22.6	48.0
友人・仲間（FR）	4.3	11.2	6.5	16.0
学校（S）	5.9	14.4	4.8	12.0
社会活動（A）	7.0	17.6	1.6	4.0
旅（T）	3.7	9.0	3.2	4.0
その他（O）	4.3	10.6	9.7	16.0
	N=488	N=188	N=62	N=25

域の自然を活かした地域づくり」など、自らの体験に加えて周囲の人々への
自然体験の働きかけに関する回答が目立った。「普及」では、一部に自然体
験の回答内容との重複もみられたが「地域のリサイクル活動」「子ども自然
クラブの設立」といった組織的な普及活動への主体的関与に関する言及が目
立った。一方の「参加」については「地域のビオトープづくりのお手伝い」「ボ
ランティア清掃活動」など、どちらかといえば受動的な関与が多くみられた。
「職業」については、「ISO14001の社内担当者になった」「環境対策製品の開
発に携わった」「ビオトープ管理士として多自然型川づくりを行政へ提案」
など、業務としての主体的な環境的行動への記述が主であった。「学習」に
ついては、「環境学習講座への参加」「日本自然保護協会会員になって勉強す
る」などの回答がみられた。

　次に、集団調査によるSLEに関する回答の結果を示す（**表4-3**）。回答者
188名に3枚以内で環境的行動につながる重要な体験の記述を依頼した結果、
全員が自らの行動や態度につながる重要な体験の存在を認め、そのうち115
名（61.1％）は「決定的」と思われる体験をしていた。回答総数は488回答
だった（1名平均2.59回答）。予備調査によって設定した9行動区分を示した
上で、最も適合すると思われる区分を選択してもらった結果、全回答中の
32.6％にあたる159回答が「自然体験」となり、続いて「自然・環境の損失

91

実感」「家族」「本・メディア」「社会活動」「学校」「職業」「友人・仲間」「その他」「旅」の順になった。「自然体験」とされた回答には「子どもと一緒にネイチャーゲームをした」「子どもの頃、近所の川で遊んだ」「学生時代に友人とキャンプした」など、様々な自然体験活動に関する記述がみられた。「自然・環境の喪失実感」では「白神山地でブナ林の伐採現場をみて驚いた」「山の中に捨てられていた畳や布団などが悪臭を放っているのを見た」「女子高生が缶ジュースをポイ捨てした行動を見た」など、環境破壊の現状を実感したことや他人の環境リスク行動を見たことに関する記述がみられた。「家族」では「両親の生活態度」「子ども時代、両親が山や川につれていってくれた」「子どもがアトピーになった」など、子ども時代の両親に関する記述と親としての子どもに関する記述がみられた。「本・メディア」では、「レイチェルカーソンの『センス・オブ・ワンダー』に出会ったこと」「子どもの頃読みふけったシートン動物記」「自然破壊や地球温暖化についてのテレビ番組」といった記述がみられた。「社会活動」では「生協の活動に関わった」「スカウト活動への参加」など社会活動団体への参加に関する記述が多かった。「学校」では「小三の社会科公害学習」「中学の科学部で海に行き、ウニを取って食べた」「大学で林学を専攻した」など、小学校から大学まで就学期間全般にわたり、また教科活動と教科外活動の双方に関する記述がみられた。「職業」では「林業を専門とする公務員となった」「仕事として公民館に配属されて野外活動の指導を行うようになった」など、自らの意思によって選んだ職業による場合と、配置転換により偶然その仕事についたという場合があった。「友人・仲間」では「竹林の中ですみか作りなどして遊んだ」「友人が公民館活動に参加したことで」「ある恩師と出会い、自然保護や環境保全の意識と大切さから未来への環境の学びに広がった」など、子ども時代の仲間との体験や友人からの誘いによる環境活動への参加に加え、よい指導者との出会いについての記述がみられた。さらに「旅」では「ネパールを旅したこと。大学生時代」「北極点到達ツアー（自然の美しさ、判断力、寒さ、自然を知る、生きる力）」「幼い頃に家族で行ったキャンプの楽しい思い出」といった記述

第4章　自然体験を責任ある行動へ

表4-4　SLE年代別回答数

SLE区分	A（幼児期〜18歳）		B（19歳〜25歳）		C（26歳以上）	
	回答数（名）	回答数割合（%）	回答数（名）	回答数割合(%)	回答数（名）	回答数割合（%）
自然体験（NE）	70	15.4	14	3.1	64	14.1
職業（W）	0	0.0	2	0.4	24	5.3
自然・環境の喪失実感（LN）	32	7.0	3	0.7	28	6.2
本・メディア（M）	6	1.3	3	0.7	30	6.6
家族（FA）	29	6.4	2	0.4	29	6.4
友人・仲間（FR）	8	1.8	2	0.4	11	2.4
学校（S）	12	2.6	5	1.1	11	2.4
社会活動（A）	3	0.7	2	0.4	25	5.5
旅（T）	2	0.4	7	1.5	7	1.5
その他（O）	8	1.8	1	0.2	14	3.1
N=454	170	37.4	41	9.0	243	53.5

がみられた。

　最後に、SLEが人生の中でいつ頃行われたのかを探るため集団調査による
SLE回答から、その体験が行われたおおよその世代を読み取り、少年期（幼
児期〜18歳）、青年期（19歳〜25歳）、成人期（26歳以上）の世代ごとに分類
した（**表4-4**）。その結果、SLEがなされた世代は、全体としては成人期がも
っとも多く、続いて、少年期、青年期の順であった。回答者の平均年齢が約
49歳であること、記憶を振り返る際、一般的には最近の出来事から順に過去
を遡っていくことを考慮すれば、この数字を単純に比較することはできない
もののSLEが子ども時代に限ったものではないことは明らかといえる。各世
代の特徴としては、少年期においては「自然体験」「自然・環境の喪失実感」
「家族」の影響を受けたとする回答が多く、同様に青年期では「自然体験」「学
校」「旅」、成人期では「自然体験」「自然・環境の喪失実感」「家族」「本・
メディア」の影響を受けたとする回答が顕著であった。

　さらに、集団調査で得られた回答の中からREBとSLEについて、それぞれ
特徴的な回答を行った環境教育団体役員12名にインタビュー調査を実施した。
参加者には事前に集団調査の記入内容を郵送した上で、当日はその内容につ
いて修正があるかを確認し、さらにREBおよびSLEの特徴的な回答について
詳しい説明を求めた。その結果、調査を行った12名全員が子ども時代に豊か

な自然体験と現在の環境的行動が直接つながっていると考えられる回答はなかったが、この点について、複数の回答者から「子ども時代の自然や人とのふれあいの場は積みあがっていく基礎のようなもので、それだけで環境的行動への直接の影響とはなりえないのではないか」との指摘があった。なお、インタビューを通して現在の環境的行動に直接の影響を与えた体験について特定できたのはGさんとJさんである。

　Gさんは専業農家の家に生まれたが、大学を出てしばらくは地元で会社勤めをする傍ら青年団活動に参加していた。その青年団活動の縁で実施した加藤登紀子のコンサートをきっかけにGさんの環境保護への意識が急激に高まったという。それまでは行政といえば社会教育関係者との交流が主だったGさんだが、このコンサートをきっかけに環境行政担当者とも交流をもつようになり、当時はまだ珍しかったホタルの保護活動に行政とともに取り組んだ。Gさんは、現在でも市からの依頼による環境教育イベントの運営や地元小学校での環境教育指導を行っているが、「加藤登紀子コンサート」はこうしたGさんの環境的行動の原点となっている。

　Jさんは、ビジネススクールでクリティカルシンキング（批判的思考）を学んだことで環境問題、国際問題、子どもたちの将来の問題といった社会的課題について友人たちとの議論をするようになり、関連の本や論文、テレビ番組などに目を通すようになった。さらに関連する講演会に参加し、そこに集まった人々と出会い、具体的な環境的行動に参加することになった。当初はボランティアやお手伝いという立場で参加していたJさんだったが、その活動で偶然自分の子どもの通っている小学校の教師と出会い、「自然探検部をつくりたい」というその教師の夢に協力することになった。そのためJさんはネイチャーゲーム指導員の資格を取得し、小学校での自然体験活動指導の一方、都内のネイチャーゲームの会の活動にも主体的に参加するようになったのである。このインタビューの際、Jさんは、こうした自分の現在の行動へのプロセスを関係図（**図4-3**）として表した。

　GさんやJさんのほかにもAさん（ガールスカウト運動への参加）、Dさん

第4章 自然体験を責任ある行動へ

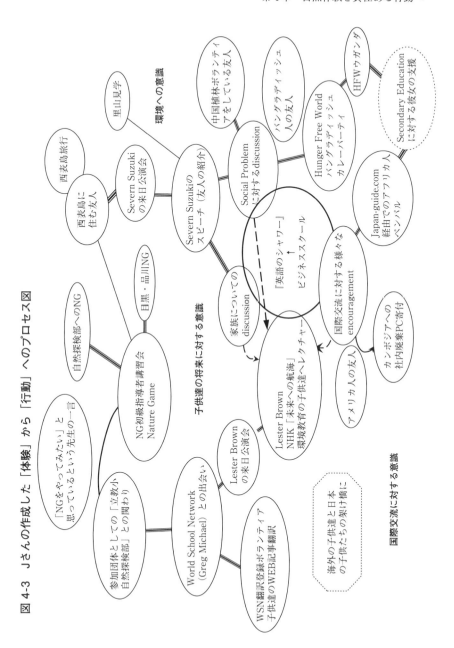

図4-3 Jさんの作成した[体験]から[行動]へのプロセス図

（「緑の女性教室」への参加による師との出会い）、Lさん（市のキャンプカウンセラーへの応募）なども、環境的行動への直接的な影響を与えた体験が思い起こされた。こうした体験に共通しているのは、いずれも自然体験と同時に他者との強い結びつきを伴う活動ということだった。こうした自然とのつながり、人とのつながりの基盤となっているのが子ども時代や青年期に単独あるいは少人数の仲間と過ごした基礎的体験としての自然体験ではないかと考えることができる（**表4-5**）。

　この調査結果から、日本においても「環境に責任ある行動につながる重要な体験」であるSLEの存在が確認されたとみることができよう。SLEのうち、さらに「決定的」とまでいえる体験を全員が有しているとはいえないが、今回の調査結果は、SLEの中には主に少年期および青年期に得られる「基礎的な体験」と主に青年期および成人期に得られる「直接的な影響を与える体験」が存在することを示唆している。

　なお、今回の調査手法では、「あなたの環境的行動を記述してください」といった主観的な回答を求めており、この方法では環境的行動を客観的に評価することには無理があると考えられる。だが回答者の感想には「自分を冷静に省みることができてよかった」といった内容の記述も多数みられたことから、主観的評価であっても、回答者が自らの環境的行動やその行動につながる体験をふりかえるという点でこの調査手法には一定の効果があるものと考えられる。このようにSLE調査には、「環境に責任ある行動につながる重要な体験」であるSLEを明らかにすることにより、学習過程論的検討を踏まえて今後の学習計画に活用できるという可能性に加え、この調査自体に「過去をふりかえる」という自分史学習プログラムとしての可能性がある。SLE研究は対象者や手法に関して様々な改良および応用の余地があるものの、海外との研究交流の可能性も含め、今後のさまざまな形での発展の可能性を有している。同時に、SLE研究をわが国の環境教育学の蓄積の中にいかに位置づけていくのかも課題といえよう。

表 4-5　SLE インタビュー調査の結果

氏名	性別	生年	居住地	インタビューの概要
A さん	女性	1932	埼玉県	子ども時代（戦前）から兄たちについてボーイスカウトやキャンプをして荒川土手の自然の中で遊んだ。結婚後、PTA 活動と平行してガールスカウト運動に参加し、県支部役員などを歴任しながら環境活動を呼びかけている。
B さん	女性	1940	兵庫県	市内 14 団体で構成されている環境ネットワークの副代表として酸性雨の調査活動などを行っている。子どもたちに阪神大震災を語り継ぐ行事を毎年主催。現在は地域の女性指導員として地域の子育て支援にも力を入れている。
C さん	女性	1941	兵庫県	ミクロハビタや小さな生き物や露の水滴など、子どもの頃（7 歳まで）すんでいた家のそばの川で遊んだことが忘れられない。現在は地元のネイチャーゲーム協会員として子育て支援に力を入れている。
D さん	女性	1950	千葉県	千葉市内の小学校で、環境教育専任の非常勤講師（環境カウンセラー）として活動している。子ども時代は兄と姉と近所の河原や空き地で遊んだ。大学で化学を学んだことがきっかけで生協活動に参加。その後、自宅近くの緑化植物園主催の「緑の女性教室」に参加し、そこで「前」と思える指導者に出会い、力づけられ、子どもエコクラブを設立した。
E さん	男性	1952	東京都	環境教育団体の企業委員会に参加し、企業人への環境働きかけをする一方、東京ネイチャーゲーム協会会員などの活動をしている。縄馬区の環境教育委員を務めていた。七号線の子ども予定地が近くにあり、東京の空は近くに狭い。子ども時代（昭和 30 年代）の緑の観察点からの海の汚さに強いショックを受け、修学旅行の営業で旅行会社にエコクラブを設立した。
F さん	女性	1953	東京都	現在は都内で児童館職員として勤務する一方、東京ネイチャーゲーム協会員などの活動をしている。沖縄の海辺で子ども時代を過ごし、異年齢の子どもたち一人族で集団で遊んでいる。20 代の頃、公民館を拠点にしたネイチャーゲームを開催して「田んぼ学校」を開き、青年団活動に加わり加藤登紀子の生物多様性に対する依頼に応じて指導。20 年以上前には行政と協力して地域での子ども向けの保全活動をしている。
G さん	男性	1958	群馬県	専業農家。学校の所有している田んぼで「田んぼ学校」を開講して、草木染めや水辺の生物など、また市内の水質浄化や川の水質浄化をテーマに環境教育イベントを実施している。子どもの頃の豊かな自然体験に加え、公民館を拠点にした青年団活動に関わるようになった。
H さん	男性	1959	兵庫県	大学時代にネイチャーゲームを体験したことから、現在に至るまで海外での医療支援活動に参加。日本のネイチャーゲームとの違いを実感して日本へ。親を登山につれていった事でバーナーとの出会いが深まった。現在が現在のビオトープにつながる運動を呼びかけている。子ども時代はよく父と登った里山や生まれた川で親水型ビオトープを造る運動を呼びかけている。
I さん	女性	1962	神奈川県	日本ネイチャーゲーム協会本部スタッフとしてバーナー（有機農業）のインストラクターとして 15 年以上にわたり人材育成を行う。途上国環境教育の講演やネイチャーゲーム等の講演で全国を回る。最近は横浜市郊外の里山で里山保全活動に参加。最近は横浜市郊外の里山での自然体験の中で遊んだ子どもだが、後年、生まれた里山を旅した。星野道夫の本からも大きな影響を受けている。
J さん	男性	1965	東京都	家族（子ども）との自然体験のほか、NPO の翻訳ボランティアやアメリカの学校支援など、ここ数年、様々な活動に積極的に参加している。子ども時代は以前、クリティカルシンキングを学びさらに実践するようになってから環境、国際交流、子どもたちの将来に意識が深まった。レスターブラウンのエコロジーを旅する青年の直接の行動への働きかけのきっかけとなった。
K さん	男性	1967	東京都	環境教育関係のメールマガジンを一年以上毎週発行している。仕事では自社の ISO14001 担当者である。最近は自分の子どもと自然の中で遊ぶ時間が取れるようになった。地元ネイチャーゲームの会の代表をしている。東京に移住して半々時期があったが、地域の緑地整備にも参加している。
L さん	女性	1973	東京都	子育て関係の仕事をしながら、地元ネイチャーゲームの会の代表をしている。最近は自分の子どもと自然の中で遊ぶ時間が取れるようになった。子ども時代は近所の子どもたちと、暗くなるまで友達と外で遊んでいた。自然豊かな九州育ち、港区内、次第に自然や人とのつながりを取り戻すことができるようになった。自然豊かな九州育ちで、子ども時代に移住した市のキャンプカウンセラーに応募した。

4 自然体験学習の今日的意義と課題

（1） 自然体験学習の今日的意義

18世紀後半、日本の研究者は英語とオランダ語を翻訳しながらnatureまたはnaturaをどんな言葉で訳さなければならないか悩み、結局自然を選択した（柳文章、2011年）。この過程で "自ずから" または "自らそうである" という意を現わす形容詞や副詞で使われた言葉が、"山川草木" を示す名詞でもともに使われるようになった。韓国も日本の翻訳結果を受け入れてnatureを「自然」として使っている。その結果、自然という言葉は、時にはある事物の本来もつ性質を示すために使われたり（ギリシャ語　physis）、時には鳥、木、川などのように、人間が作られない現在の世界の事物を示すために使われたりしている（ラテン語　natura）。

人間は自然を体験しながらこの２つを同時に発見することになる。すなわち、事物としての自然と本性としての自然。事物としての花を体験しながら同時に秩序や関係としての花の本性を体験する。すなわち、存在することとしての自然も体験するが、同時に存在する様相や生成消滅の過程の中での自然も体験する。このような過程では、一人の人間が自分の存在の根拠と変化の様相を理解して、その中で意味を見つけるのであって核心的な過程に違いない。人間が自然の一部なら、人間も自然の本性から抜け出すことはできないだろうし、自然体験と言うのは結局人間体験であり、自分自身に対する体験でもあるからである。それで自然体験とここに基づいた文化芸術活動は、自分発見、自分理解、自分実現の過程への繋がる（シン・スンファン、2008年）。

東西洋を問わず、哲学の伝統の中には "私はだれか?" という問いに、私は私の経験と違いはないという答えを出していた。経験は、感覚体験が省察と出会った時形成される。したがって豊かな感覚体験と自分が体験したことに対する多角的な省察を通じて、自然体験は私たちの生を良いものにさせる

第4章 自然体験を責任ある行動へ

材料と同時にエネルギーになる。豊かな感覚体験は、多様性が高い生態系の中で直接的でかつ日常的に接する時に可能となり、深い省察は、文化多様性の土台にして、事件の表面を通して見られるようになった時に可能となる。まとめて言えば、良い自然体験は文化生態的多様性（biocultural diversity）の維持と伝統的生態知識（traditional ecological knowledge）の適用を通して実現することができる。私たちは今、文化生態的多様性の減少と伝統的生態知識の消滅を同時に経験しているし、多くの子ども達はこのような経験から隔離されている。

リチャード・ルブ（Louv、2009年）は "Last Child in the Wood" で、最近の子どもたちから見られる発達障害の原因を自然体験欠乏症であると主張し、この問題を解決する方法は、子ども達に精神科の薬を飲ませるのではなく、自然の中に連れ出していくことであると提案している。自然体験の意義はこれだけでは終わらない。直接的で日常的な自然体験が子どもと青少年の認知的、感性的、価値的な発達に必要不可欠であることは多くの研究成果が示している（Kellert, 2002年）。

（2）自然体験学習の現状

本章の第1節では日本における自然体験学習史を示したが自然体験学習は日本のみで実践されているわけはない。世界各国・各地域においてその地域の自然的文化的特性を基盤とした自然体験学習実践史が展開されている。以下ではその1つとして韓国の事例を述べる。

環境教育が1970年代にユネスコなどを通じてはじめて韓国に紹介されてから、1980年代の末まで、韓国の環境教育では環境問題の深刻性が警告され、汚染を予防するための活動に焦点が充てられていた。しかし1991年に洛東江フェノール事件以後、韓国の環境教育パラダイムは、環境汚染中心から自然体験中心へと変化するようになる。自然親和的な態度と生態的感受性が形成されなければ、知識伝達を中心とする環境教育だけでは行動の変化や新しい生活様式を志向するまでには至らないという反省があったからである。1990

年代初めから教師らや環境団体の実践者たちは、子どもたちを森、川、干潟、田畑などに連れ出すようになり、韓国政府（環境府）もこの活動を支援する事業を始めた。

1990年代の半ばからより効果的な自然体験学習のためのプログラム開発やリーダー養成課程が推進された。また1997年アジア通貨危機をふまえ、雇用創出事業の一環として国民大学で「森の解説家」の養成課程が開設されて以来、今日まで毎年200以上の自然体験リーダー養成課程が韓国全域で進められている。その後、このような量的な拡大の反省の結果、質的な改善が求められるようになり、2007年には山林庁を主務官庁とする「山林文化活性化のための法律」によって「森の解説家制度」が、2012年には環境府での自然環境解説者制度が、2015年には環境府の環境教育振興法による「社会環境教育指導者制度」が運用されている。

自然体験学習は主に乳児や児童を対象に進められる場合が多い。最近にはスイスやドイツのモデルを受け入れて、「森のようちえん」が多数開設されているし「幼児のための森の指導者」という資格制度が運営されている。自然体験学習と生態学的な知見に基づいて幼児教育の全体のパラダイムをかえようとする生態幼児教育運動も展開されている。また、これに賛同する学父兄や教師らが協同組合を設立して家庭においても自然体験と食農教育を繋げる活動が行われている。

幼稚園では森林の体験が強調されており、韓国の小・中・高校では校内に菜園を作ることが大流行をしている。忠清南道ソチョンには15の小中高等学校の中で１ヶ所を除いてほとんどの学校で菜園づくりが進められている。京畿道を中心に推進されている革新学校（学習院大学の佐藤学教授が主唱する「学びの共同体」との親和性をもつ）では、主なプログラムである地域社会と連携した菜園作りとエネルギー教育が行われている。これは2000年代の初めに活発的に進められ韓国に約１万校ある学校の中で、約3,000校で推進されていると推定される「学校の森運動」とともに代表的な学校教育における自然体験学習運動として知られている。中学校や高等学校の環境科目にも

第 4 章　自然体験を責任ある行動へ

1997年から学習目標と内容の中に生態的感受性と自然体験が含まれるように
なっている。

（3）自然体験学習の課題

　最近の調査結果によると韓国の３〜９歳の子どもが平日、野外で活動する
時間は１日平均34分で、アメリカは119分、カナダ100分に比べて29〜34％の
レベルに過ぎないとの結果が示された（韓国国立環境科学院、2016年）。自
然体験の欠乏は、中・高校生にはより深刻に現われている。青少年たちは日
常のほとんどの時間を学校の教室や塾など屋内で過ごしているし、青少年の
肥満とストレス、自殺率の増加が深刻な社会問題として浮かび上がっている。

　2014年資料によると韓国では小学校教師の76.9％が女性であり、野外活動
の割合もより減少傾向にある。（教育人的資源部、2015年）。子ども達は休み
時間に校庭に出て遊ぶ代わりに教室でカード遊びや携帯電話などを使ってお
りその結果、屋内にとどまる割合がさらに高くなっている。学校林などがあ
り、野外活動の機会を多くもつ子ども達にとって学校は出会いと対話の場所
として認識されている。その一方で、こうした機会を持たない子ども達は、
学校を建物や１つの施設として認識する傾向が強い。これは家を家庭（home）
ではなく、住宅（house）で認識することに似ていると考えられる（イ・ジ
ェヨン、2006年）。

　経済所得水準によって自然体験学習の機会にも格差が表れる可能性がある。
これは社会経済的不平等が環境的不平等として拡散する典型的な環境不正義
の問題にもつながる。農村の子ども達が都市の子ども達に比べて自然体験の
割合がより低いケースもしばしば報告されているがこれは所得格差による結
果であるとみられる。

　自然体験の量の不足であると同時に重要な課題は体験の質を高めることで
ある。市民団体が実施する１泊２日の自然体験キャンプのプログラムを見る
と、１時間単位で切り落としたような10個くらいの活動が慌ただしく進めら
れている。このようなデパートかスーパーマーケットのような方式の体験は、

101

親を説得するには良いかも知れないが、体験の意義を高めて、発見の喜びを得ることや変化の機会への拡げるようとした場合には限界が生じる。スマートフォンやパソコンゲームなどに夢中になっている子どもたちに自然はどんな意味をもつのだろう？　今、そこで子どもたちが行っている経験が、そのまま彼らの存在を形成する道へとつながるにちがいないのだが。

第5章　環境教育における食と農の教育論
―食育・食農教育から持続可能な食農学習へ―

野村　卓

1　食と農の教育の視点

（1）環境教育における食と農の教育とは何か？

　環境教育は、基本的には学校教育での実践が大きなウェイトを占めている。そもそも環境教育は公害教育と自然保護教育・野外体験学習の2つを源流とし（朝岡幸彦、2004年）、食と農の領域は野外体験学習の一領域として実践が積み上げられてきた感がある。近年、環境教育学において食育・食農教育の検討がおこなわれるようになってきた。このことから、食と農の教育は環境教育の中では新しい領域でもある。そこで、新しい領域であることを前提に環境教育における食と農の領域の意義や課題を整理してみたい。

　まず、食と農の教育という用語をなぜ使用するのかということから整理していく。先に触れたように現在の環境教育学は学校教育、ことに自然系のアプローチが多くなっている。学校教育ということは子どものための教育であり、次世代のための発達の教育学が中心となる。しかし食や農の領域の抱えている現代的課題は、この発達の教育学では完結できない要素を持っている。このため、学校教育中心の環境教育学における食育・食農教育の議論は、実体としての食と農の領域を捉えきれているとは言い難い。

　そもそも食育・食農教育は1990年代から農林水産省や農山漁村文化協会を中心に展開された農業政策や文化運動を基にしており、**図5-1**に示すように、それ以前からの流れと膨大な研究、運動の蓄積を有している。よって食と農の領域は、学校教育におけるこれまでの蓄積と日本社会の急激な変貌の過程をふまえて捉えられなければならない。このため、子どものための教育とし

図5-1　食と農の教育の系統と今後の方向

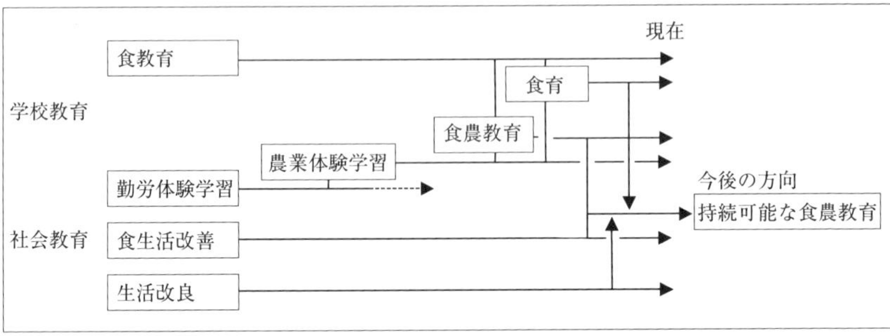

```
                                                    現在
      ┌─────────┐
      │  食教育  │───────────────┐
      └─────────┘          ┌──────┐
 学校教育                   │ 食育 │──────→
                  ┌──────────┐└──────┘
                  │ 食農教育 │──────→
      ┌──────────────┐└──────────┘
      │ 農業体験学習 │───────┐
      └──────────────┘       │      今後の方向
  ┌──────────────┐            →   ┌──────────────────┐
  │ 勤労体験学習 │┄┄┄┄→        │ 持続可能な食農教育 │
  └──────────────┘              └──────────────────┘
 社会教育 ┌──────────┐
      │ 食生活改善 │──────────────→
      └──────────┘
      ┌──────────┐
      │ 生活改良 │──────────────→
      └──────────┘
```

て食育・食農教育を収束させることは妥当ではない。社会変容と関わりながら捉える以上、環境教育における食育・食農教育論は成人も巻き込んだ視点も内包する必要があり、これを包含する概念を持続可能な食と農の学習が議論される必要がある。このため、食育・食農教育に概念を付加させるのではなく、これらを包含する概念の検討が求められることになる。

（2）環境教育における食農学習の展開

　環境教育における食と農の領域の教育的意義・機能を見出すとき三つの視点に注目する必要がある。第一に、この領域は子どものための教育学として発達の教育学という捉えだけでなく、成人のための教育学として主体形成の教育学の側面をもつことであり、これらを包含するときに地域社会との関係の再構築が重要となる。これらを見定めるには社会参加・参画の視点が必要である。ロジャー・ハートは子どもの参画の重要性を指摘しているが（ロジャー・ハート、2000年）、生涯学習にもつながる主体形成の教育学においても成人の社会参加・参画の視点は重要である。このため食と農の領域における環境教育実践は、子どもと成人双方が活動することによって学習が展開される相互承認の過程の解明であり、それが持続可能な食農学習の基礎となる。しかし多くの実践は、学校教員と同様に地域の成人が教育主体としてふるまい、子どもへの機会の保障とともに、認知的に知識を与える傾向に偏重している。これでは結果として地域や自然との関係の再構築の視点が弱くなり、

第5章　環境教育における食と農の教育論

子どもの社会参加・参画も阻害してしまう恐れがある。食と農の領域が体験学習としての過程を強調するあまり、体験をとおして情報や知識習得に重点がすり替わり、子どもや成人の主体的な地域への参加・参画が疎外されているとすると、それは残念な状況といわざるをえない。子どもと成人が参加・参画をとおして地域や自然との関係を再構築していく過程を相互に学習し、実践がおこなわれる視点こそ重要である。

　第二に、食と農の領域は現代の都市化した社会に対する二項対立の対象や象徴として存在しているわけではないことに注意が必要である。環境教育学において、批判的、創造的な捉えとして「持続可能性のための教育」が議論されている。これは従来の近代化過程に基づいた「科学技術的持続可能性」に対して、他の人々や自然との調和を目指した「生態学的持続可能性」を特徴とする（原子栄一郎、1998年）。これは持続可能性を定義していく過程で近代化過程における経済的価値偏重の社会観に基づくのか、自然的・文化的価値に重点を置いた自然観に基づくのかとする二項対立の持続可能性議論である。近代化路線への省察を促す批判的な思考や行動を啓発し、これを生み出す理念として重要であることに疑いはないが、食や農の領域イコール自然的存在としてのみ捉えることは、食と農の領域の本質と実体を捉えているとは言い難い。元来食と農の領域は、近代化以前には一体的なものとして捉えられ、生産と消費も一体的であり、これらに共同体（集落）やイエが内部化されていた。これが近代化にともなう社会の発展過程を経て生産と消費が分離し、外部化、分節化が進展したのである。それも相当高度化、高次化しており、複雑な分断や関係性を有するようになっている。これを批判するのに経済的な要素を否定し、自然的・文化的要素だけで捉えようとするには無理がある。持続可能性の議論は、学校教育における発達の教育学では、当事者の教育学として経済的な要素を限りなく切り捨ててしまい、自然的・文化的要素に偏重して捉える傾向がある。食と農の領域イコール自然的存在というイメージを助長したのは、日本人口の圧倒的多数となった都市部住民の食や農に対するイメージや回帰願望との指摘もあげられる（七戸長生、1990年）。

これはいまだに農村部住民の生産イメージとの格差として捉えられる。これは都市化社会における近代的価値観に基づく捉え方ということができよう。二項対立や二元論によって問題を単純化することは評価できるが、その根拠となる価値観が双方で近代的価値観に基づいているとすれば、社会問題を乗り越えるには限界があると言わねばならない。となれば、二項対立や二元論を超える価値観の創出が食と農の領域に求められることになる。これは、社会的関係と自然的関係をいかに総体的に捉え、経済的価値観と自然的・文化的価値観をいかに包含した教育実践を展開し、価値創造ができるかにかかってくる。このために改めて食と農の領域の本質と実体の捉えは重要であり、表面的な実践だけで軽々に判断してはならない。

　第三として、これまで2つの視点をふまえて、成人と子どもが相互に学習する社会参加・参画をとおした実践の捉え方が重要になる。これは共同体としての地域形成と個人や最も細分化された共同体としての家庭をとおした生活の取り戻し（生活創造）学習が求められる。

　人間らしいあり方の模索を生活の本質とし、人間は社会参加・参画を経て何を取り戻し、何を変容させていこうとするのかを自覚しながら生活を創造しなければならない。ここではあくまで昔のムラ社会を復活させることではなく、また国家主義的な集落を再構築することでもない。一方で個人主義が先鋭化し、孤立化する個人のままでよいということを受容するものでもない。地域と生活を創造する視点は、社会参加・参画という実践において労働の捉え方の問題にも帰着する。自身や地域が何に流され、人間らしい生活を営むにあたり何を剥奪されているのかという捉えなく、食と農の領域で教育的意義と役割を見出すことは困難である。これらを包含する概念として食と農の教育は持続可能な食農学習として捉えられることが求められるのである。

　そこで、改めて食と農の領域が地域や生活、学校にどのように影響を与えてきたのか、その変遷を見てみることにする。

第5章　環境教育における食と農の教育論

2　食と農の領域における社会と教育の変遷

（1）政治的転換期における戦後の食生活の変貌

　ここでは食と農の領域を、戦後から見ていくことにする。

　第二次世界大戦直後の食生活の課題は、いかに飢えや貧困から解放される
かであった。この時期の生活は列車に乗り地方へ食糧交換に行ったり、闇市
で食糧調達を行い、生活というよりも生存が優先された時期でもある。この
時期を都市部の高齢者が振り返ると、「農のイメージ」をとおして農村部の
人々への対応の不満が思い返される人も多い（七戸長生、1990年）。

　表5-1によれば、戦後日本の食や農の変遷の代表例としては民主化のため
の5大要求が政治的にも大きな印象を与えるが、生活においては都市部の「食
糧メーデー」や食糧交換のために自身の衣服を1枚1枚交換していった「タ
ケノコ生活」に注目できる（岸康彦、1996年）。しかし、逼迫した生活をお
くる一方で、生活スタイルを変えるきっかけはアメリカの通商戦略によって、
すでに始まっていた。アメリカは占領地域の飢餓、病気、社会不安などを防
ぐための援助物資との名目で「ガリオア物資」を提供した。これは原則、モ
ノで提供され、これに食糧が含まれていた。この食糧の主たる穀物は麦類で
あった。この麦類は基本的には粒状で食されることはない。粉状にし、うど
んやパンに加工されるわけだが、日本食文化の基本は米を主体とした「粒食」
文化とされる。伝統的にはうどん、そば等、「粉食」の文化は、重要な食文
化であるが、基本としては「粒食」文化の意識が高い。戦後すぐの、この時
期に一般向けの援助とともに、注目すべきは児童のために早期に復活された
学校給食である。学校給食にはアメリカの慈善団体であるアジア救済連盟
（LARA）からの食糧提供が行われ、通称「ララ物資」と呼ばれた。この援
助物資から提供された食糧は、当然のことながら「粉食」対応であった。ア
メリカでは少年期に「粉食」に慣れることによって、大人になってからも食
生活に影響を与えると考えられていた。この食糧戦略の意義は、実に大きか

107

表 5-1　戦後日本の食や農を中心とした変遷を概観

	政府（GHQ）	都市部	農村部	学校
復興期 (1945年～1955年)	民主化のための5大要求 女性解放、労働組合結成奨励、学校教育改革、司法制度改革、経済機構の民主化 米価審議会設置、シャウプ勧告、農地法	物価統制令と撤廃 買糧メーデー タケノコ生活 ガリオア物資 主婦の会設立 給食推進	（経済機構の民主化の一環？） 農地解放、農業協同組合奨励 強権供出 自作農創出 食生活改革 農地への固定資産税課税	学校給食再開 （ララ物資） ユニセフ支援 コッペパン
高度経済成長期 (1956年～1975年)	各種景気、列島改造（神武、岩戸、オリンピック、いざなぎ） 農業基本法制定 石油ショック 農産物自由化	スーパーの定着 エンゲル係数低下 外食産業の成長、うそつき食品問題 都市人口増加、3分クッキング、キッチンカー、食後分離、インスタント化	農業の機械化、過疎化問題 三ちゃん農業、所得格差 兼業化、麦作の安楽死 食生活改革、有機農業研究会 農村人口減少	完全給食 給食自校方式
低成長期 (1976年～1985年)	石油ショック 食管法改正 円高不況 財政再建	食生活懇談会提言 外食産業の上場 日本型食生活、食生活指針 グルメ・飽食の時代	一村一品運動 過剰米問題 過疎問題	米飯給食本格化 アレルギー配慮 給食センター方式
バブル 経済期 (1986年～1995年)	平成景気（バブル） 地球温暖化、WTO発足 消費税導入、湾岸戦争	健康志向 エスニックブーム 個食パック、有機農業に関心 一杯のかけそば	外食産業からメッセージ 有機農産物表示ガイドライン 牛肉・オレンジ自由化 平成の米騒動、ブレンド米	地産地消 食農教育 学校週5日制 総合学習
失われた10年期 (1996年～2005年)	バブル崩壊、消費税5% 食料・農業・農村基本法制定 CJD国内発症 環境ホルモン問題	中食市場拡大 スローフード 病原性大腸菌O-157問題	環境基本法制定 狂牛病（BSE）確認 鳥インフルエンザ発生	総合的な学習の時間 食育基本法施行 栄養論配置 家禽飼育対策
人口減少初期 (2006年～2015年)	人口12,778万人でピーク 65歳以上人口20% 相対貧困率15.7% 東日本大震災 エコポイント	ユッケO-111食中毒 冷凍餃子中毒事件 賞味期限改ざん問題 ミートホープ食肉偽装 メタボリックシンドローム	有機農業推進法制定 豚インフルエンザ発生 事故米混入事件	学校給食徴収問題 高校授業料無償化 食育推進基本計画策定 ESD国際会議 タイガー現象

注：各時期の名称は、それぞれの期間の代表的な名称を参考にしており、一般的な名称とは必ずしも一致しないことに注意

第5章　環境教育における食と農の教育論

った。受け入れ側の日本においても、この時期は大学の研究者もふくめて、「粉食」推進運動が食生活改善事業と一体となって推進された。当時は、「粉食」推進のために「粒食」に対する根拠のない風説がまことしやかに語られた。

　しかし、当時の日本政府は援助だけで食糧難を乗り越えようとしていたわけではないことは指摘しておくべきだろう。農業の生産力向上のために様々な施策を展開していたが、まずは生産者である農家が保有していた食糧を強制的に供出させる「強権供出」も行った。このように、戦後すぐの復興期は消費者にとっても、生産者にとっても厳しい時期であったということができよう。

　一方、外交の困難さ、強かさを物語る例としてアメリカの外交に注目しておく必要があるだろう。50年代に入る頃には食糧危機を乗り越え、食生活に対する価値観の転換も進むと、1953年には援助物資であったはずのガリオア物資の返済を求めてきたのである。この事実を知って、「ガリオアや　ただよりたかいものはない」と川柳が謳われた。

　アメリカが戦後復興に食糧提供した背景として、アメリカの農業生産状況が絡んでいる。アメリカは第二次世界大戦中盤には、国内農業が豊作状態になり、結果として大量の小麦を抱え込む事態に陥っていた。このアメリカ国内の余剰小麦を減らし、小麦価格の低落を抑えることが求められていた。このように喫緊の国内対策と、将来を見通した国外への食糧輸出対策が総合的な戦略として展開され、ガリオア物資となって表出してきたと見るべきだろう。

　このようにして、復興期は一般向けには食生活改善運動をとおして、児童向けには学校給食をとおして「粉食」が推進され、日本がこれまで受け継いできた「食生活」の転換に踏み出した時期とも言えよう。農村部では粉食が粒食と共に普通に共存していたことにより、家庭でも、学校でも大きな転換とは受け止められず、自然に受け入れたのが実態なのではないだろうか。それに気づくのはもっと後になってからである。

109

（2）社会的転換期における生活の変貌

　ここでは、高度経済成長期と低成長期の2つの成長期を日本社会の大きな社会的転換期、定着期として捉え、生活を捉えていくことにする。

　高度経済成長期には様々な景気の波を経つつ、列島改造の機運が高まり、全国で都市化が進み、工業化、商業化が進んだ。日本の社会構造の変化で見た場合、人口が農村部から都市部に移動し、都市部人口が50％を越したのがこの時期であり、終戦のインパクトよりも社会構造の変化の視点では高度経済成長期の方が重大である。**表5-2**によれば、戦争直後の段階で総人口に対する農家人口比率は50％を下回るものの、就業人口に対する農業就業者割合は50％を超え、農村型社会が継続していたことを物語っている。これが1950年代後半には都市人口割合が50％を超え、都市型社会に転換したことには注

表5-2　人口及び就業人口の農業割合及び都市化の推移

年次	総人口（千人）	農家人口（千人）	農家人口割合（％）	就業人口（千人）	農業就業人口（千人）	基幹的農業従事者数及び割合（％）		市町村数	市割合（％）	都市人口割合（％）	平均世帯人員（人）
1920	55,963	–	–	27,261	–	–		12,244	0.7	18.0	4.89
1930	64,450	–	–	29,620	–	–		11,864	0.9	24.0	4.98
1940	73,114	–	–	32,483	–	–		11,190	1.5	37.7	4.99
1950	84,115	37,812	45.0	36,025	–	–		10,500	2.4	47.3	4.97
1955	90,077	36,347	40.4	39,590	–	–		–	–	56.1	–
1960	94,302	34,411	36.5	44,042	14,542	11,750	(26.7)	3,574	15.7	63.3	4.54
1965	99,209	30,083	30.3	47,960	11,514	8,941	(18.6)	–	–	67.9	–
1970	104,665	26,282	25.1	52,593	10,352	7,109	(13.4)	3,331	17.7	72.1	3.41
1975	111,940	23,197	20.7	53,141	7,907	4,889	(9.2)	–	–	75.9	3.28
1980	117,060	21,366	18.3	55,811	6,973	4,128	(7.4)	3,256	19.9	76.2	3.22
1985	121,049	19,839	16.4	58,357	5,428	3,696	(6.3)	–	–	76.7	3.14
1990	123,611	17,296	14.0	61,682	4,819	2,927	(5.1)	3,246	20.2	77.4	2.99
1995	125,570	12,037	9.6	64,570	4,140	2,560	(4.0)	–	–	78.3	2.83
2000	126,926	10,467	8.2	64,460	3,891	2,400	(3.7)	3,230	20.8	78.7	2.67
2005	127,768	8,370	6.6	63,500	3,353	2,241	(3.5)	2,395	30.9	–	2.55
2010	128,057	6,979	5.4	63,060	2,606	2,051	(3.3)	1,727	45.5	90.7	2.42
2015	127,110	–	–	63,970	2,097	1,754	(2.7)	1,718	46.0	–	2.38

出所：総務省「国勢調査」、農林水産省「農林業センサス農家調査報告書」「農業構造動態調査報告書」

注：農家人口割合＝農家人口／総人口×100、基幹的農業従事者割合＝基幹的農業従事者／就業人口×100、市割合＝市数／市町村数×100、都市人口割合＝市部人口／総人口×100で算出。

第5章　環境教育における食と農の教育論

目する必要がある。1960年代は大規模な市町村合併が起こり、「昭和の合併」と言われた。終戦時から比べて3割程度に市町村数が減少したことになる。都市人口が市在住の住民により規定されることにより、データ的には急速に都市化が進んだことを示している。しかし、これは政策的な都市化という事だけではなく、就業人口に対する農業従事者数の割合や農業を中核的に担う基幹的農業従事者割合が急速に低下していることを鑑みれば、農村部から都市部への人口移動が進んだということと兼業化が進んだ時期であるということができる。日本において地域の機能や価値観が農村社会を基盤として成立していることをふまえれば、個人主義の普及だけでなく、急速な都市化の流れによって地域の機能等が縮小していったことと合わせて捉えなければならないだろう。これこそ、日本の社会的変化を決定付けたと言っても過言ではないだろう。さらに、**表5-1**によれば食寝分離が進み、イエの価値観が住宅構造の変化からも転換したことが伺える。また食ではインスタント食品に代表されるように簡易な食事の普及と外食産業の成長が上げられ、これに伴い女性の社会進出も進むことになり、これは都市部に限ったことではなく、農村部にも浸透していった。女性の社会進出に伴い、食の簡略化が求められ、テレビ番組では「3分クッキング」などの料理番組が好評となる。地域の機能の低下、縮小を、女性の社会進出が原因と捉える向きもあるが、それは正しい捉えとは言えない。近代化の進む社会構造の変化は、企業化する社会として多くの労働者を必要とし、このため男性だけでなく女性も労働者として捉えられていたことに注意しなければならない。また、農業では機械化と共に兼業化も進み、米の過剰問題が顕在化し、学校給食において米飯給食が本格化することになる。学校給食も米の消費拡大の一翼を担うようになったわけだが、アメリカの食糧戦略による食文化の転換が進み、粒食復権への様々な対策を打ち出すも、それを回復させることは困難であった。高度経済成長期以降、低成長期に入っても経済的豊かさは享受され、グルメ志向も進み、テレビ番組では多様な料理番組が放送されるようになる。これは現在でも継続されていると言える。

111

（3）バブル経済期から失われた10年の生活

　バブル経済期において食は更に多様になる。グルメ志向は継続され、エスニックブームが起こり、一方で低成長期から表出してきた食物アレルギー等の身体的変調に対し、健康志向の流れも生まれてきた。グルメと健康とは一見、相反するもののように思われるかもしれないが、経済的な豊かさに基づく「飽食の時代」から派生してきていることを念頭におけば、根源を同じとする多様化の表出過程として捉えることができる。食の多様化は生産過程での差別化を引き起こし、健康志向に基づく有機農産物に対する需要を増大させた。地産地消や分離した食と農を一体的に捉えようとする考え方もこの時期に生み出されることになる。多様化の流れは農村生活に対する再評価も進み、「スロー概念（スローライフ、スローフード）」と共に、農村回帰への関心も高まった。同時に経済的にはグローバル化が進展し、外食産業は更なる成長を遂げた。しかし、鳥インフルエンザや狂牛病（BSE）問題等に代表されるように「食の安全性」が問題となっていることは周知のとおりである。食と農の領域はグローバル化という経済的価値観の流れに対応することによって、新たなリスクに晒されることが明らかになった時期でもある。食の安全とは直接コミットメントしなくても、口蹄疫に代表される病気が発生すれば、肉用牛の土台となる種牛地域において、瞬く間に種牛の処分となり、多くの優良種牛が殺処分となった事例などは、産地形成に伴う集中のリスクが明らかになりつつも、グローバル化に対応するために規模拡大が不可避とされ、生産現場と消費地をより分断し、生産者間も分断するという事態を招いている。改めて非経済的な価値観との狭間において、中庸を取ることの難しさが表出するようになっている。これはグローバル社会に適応するという社会的発展過程の問題に食と農の領域が絡めとられる受動的な事象として捉えるだけでなく、改めて、食や農の領域が持つ本質を如何に再評価し、持続的な地域再生、地域創造に位置付けていくかが問われることになる。

（4）人口減少社会へ突入した現代

　日本の人口は1億2,778万人をピークに、減少期に入った。65歳以上の人口割合も20％を超えた。そんな中、2011年には東日本大震災にも見舞われ、福島県は原発事故により、全住民が避難を余儀なくされた地域も出て、現在も帰宅できない地域も存在する。このような地域は農林水産業を主とする一次産業も甚大な被害を受けた。人口減少期に入っても、食生活における食品偽装などの問題は解決されない。食肉偽装や賞味期限改ざん問題、はたまた冷凍餃子に農薬が混入され、中毒事件を起こす事態にもなっている。食中毒も度々メディアを騒がせた。また廃棄されるべき米（事故米）が食品流通に出回り、食に対する信用が揺れた時期ということもできる。学校教育においては、失われた10年期に成立した食育基本法などにより食育、食農教育に対する普及が進んだ。普及が進んだ背景として食品に対する信頼が揺らいだ時期があったことも思いださねばならないだろう。次節では、「食育」や「食農教育」の成立の歴史を通して、展開過程を見ていくことにしよう。

3　食農教育の成立から食育へ

（1）食農教育の成立と限界

　食農教育は最初から用語として成立・使用されてきたわけではない。その過程では、「食・農の教育」や「食・農教育」などの表記を経て、「食農教育」に落ち着いていたのである。食農教育という用語が盛んに使用され始めたのは1998年頃からである。環境教育学において食と農を利用した実践の意義を提起し始めたのは鈴木善次であろう。鈴木は、1993年の段階で「人間にとっての環境」を提示するにあたり、"自然と人間"の関係を総体的に捉える手段として食や農の領域に注目したのである（鈴木善次、1994年）。鈴木は自然との関係に向き合うことが、社会に対する意識やライフスタイル改革の動機付けに影響を与えられることに注目し、この時、食と農の領域の教育的意

義が見出せるという立場に立つ。これは批判的環境教育における生態学的持続可能性の視点に近似するものと言える。

　一方、食農教育が世間一般に周知され、多様な実践が展開されるようになったのは、農山漁村文化協会（以下、農文協と記す）が1998年に発刊した雑誌「食農教育」の存在が無視できない。農文協は、食のもつ人間の生存と尊厳に関わる教育力に注目し、人間としての存在価値や生き方を問うために、「育つ」「食べる」ことから、学校と地域の連携における教育運動を推進するために刊行したのである（阿部道彦ら、2004年）。これは食と農の一体化したものとしながらも、農の領域における栽培を「作る」という表記を用いず、あえて「育つ」としているところに意味がある。だが食の領域は「食べる」のままである。これは食と農の一体的な捉えというよりも、農を主として食を包含させて一体化を図る手法と見ることも可能である。そもそも、食と農の双方に同等の教育的意義を持たせるのであれば、「そだつ」－「いただく」的な捉えが必要であったのかもしれない。しかし、農文協など、農林水産関係者（行政含む）は食の多様化に伴う乱れを足がかりにし、現代に生活を取り戻すために、自然的・社会的・人間的・文化的意義を包含する「農」を再評価するために食農教育を位置づけようとした点は評価されるべきだろう。これは農が、高度経済成長に伴う近代化過程において、消費財として位置付けられ、工業やサービス業に比べ成長格差に見舞われ、そのような現状を理解するとともに、近代化以前から形成されてきた自然的、社会的、人間的、文化的な意義を理解してもらうことを念頭において教育力が位置づけられていることを理解する必要がある。しかし、多様な教育実践は、これら農を中心とした捉えだけに留まることを許さない。

　食の領域からアプローチした実践として、榊田みどりは学校給食における地産地消の取り組みを通して、食の安全性や衛生、生活習慣、郷土料理を見直す契機とし、これを地域との関わりの中で再評価を試みた（榊田みどり、2003年）。これは食教育や栄養教育を基にした食農教育への発展的実践と評価することができる。子どもたちが健康的な生活を送るために食教育は一定

第5章　環境教育における食と農の教育論

の役割を果たしてきたが、飽食の時代を生きる子どもたちにとって、知識情報として食を伝えるだけでは、それを行動として生活習慣に反映させるのは困難である。根岸久子は、これらを行動に結びつけるために食べ物に関する生産現場の情報や体験が必要であると主張し、これを食農教育と位置づける（根岸久子、2003年）。根岸は、生活改良的な視点からこれまで農業女性が食生活改良の領域で蓄積してきた農産物自給運動や家計費節約などの経験を基に、スローフード運動の概念を取り込み、生産と消費を一体的に捉えているところに意義がある。

　更に、現在では学校教育において総合的な学習の時間が導入され、国際理解教育や福祉教育などと共に、食育、食農教育も多様な教育実践として展開されるようになっている。地域と連携し、多様な領域とも連携しながら発展的に実践が展開されていることは評価ができるが、一方で食農教育の定義が曖昧になるというジレンマも抱えていることに注意しなければならないだろう。具体的には国際理解教育における食文化交流や福祉教育において伝統食の継承が位置付けられている実践もあるが、改めて、食農教育実践とは何かが問われることになる。

　食農教育の定義の曖昧さは、学校教育における教育実践の発展過程にも一因がある。しかし学校教育実践だけで食と農の領域を活用した実践を評価すること自体に限界がある。そもそも、食と農の領域は第1節でもふれたように多様な概念を包摂しており、教育制度が確立する以前から成立していた伝統や文化を取り上げたとしても学校が地域の機能や伝統の継承を担うことは無理がある。行政機関の所管的にも文部科学省、農林水産省、厚生労働省を横断する。このため食育が内閣府所管として関係省庁の調整役を担うことにもなる。

　改めて、食農教育の概念は、佐々木らが提唱した「食教育と農業体験学習を一体的に実施するもの」を共通見解（佐々木ら、2001年）とし、各行政機関の思惑を絡ませながら定義づけされているということを認識する必要がある。その上で環境教育学を通して食農教育は発展していくことが求められよ

う。この場合、地域の食と農の連携過程に生じる思惑差や認識差を自覚して展開する必要があるが、定義を発展させることが課題になることはない。食や農の領域が社会経済的発展過程と密接に連動し、変容を遂げてきた過程を踏まえて、学校や地域が何を取り戻し、何を適応させるかによって定義が定まってくるものと考えられる。このため、食農教育の定義に完成形はない。これは食育の成立、提案によって複雑な発展過程を辿ることになる。

（2）食育の成立

　続いて食育について整理をすすめる。実は食育という用語は食農教育よりも古くから存在する。食育は、明治期の文明開化とともに帝国列強に追いつくことを念頭に置き、日本の伝統文化をかなぐり捨て、西洋化、近代化を図ろうとした時代背景に対する批判として提起された一面を持つ。食の領域においては欧米の近代栄養学や衛生学に基づく指針が次々と導入され、これらが日本の伝統的養生法（食養）に反するとして批判したのは石塚左玄とされる軍医であった。しかし、近代化の流れには抗しきれず、世間でもあまり注目を集めなかった。これが注目されたのは村井弦斎が新聞に連載し、取りまとめた小説「食道楽」であろう（村井弦斎、1903年）。村井弦斎は、石塚の思想を引き継ぎ、富国強兵を目指して、「知育」・「体育」に偏重した教育法への批判で始まる。村井弦斎が主張した教育は、生活・生存を最優先に捉えるものであり、これを構成するものとして五育を挙げた。その基礎・基本には「食育」が位置付き、その上に「知育」「体育」「徳育」「才育」が位置付けられるとした。しかし、石塚左玄や村井弦斎の主張は近代化過程の社会では、埋没していくことになる。しかし、食育で推奨されていた食養法は、健康教育や食生活改善運動に取り込まれながら、私たちの生活の中で脈々と継承されていく。

　戦後、高度経済成長期を乗り越え、低成長期に入ると、飯野節夫によって、非行や落ちこぼれ者が健康と脳神経に変調をきたしていると主張し、これらを正常に戻すために、食育＝食べもの教育をとおして実践することの必要性

第5章　環境教育における食と農の教育論

を説いた。これを健脳食とよんだ（飯野節夫、1983年）。しかし、これは非行や落ちこぼれの解消を目指しながらも、「知育」「体育」に基盤をおいていたことに注意しなければならない。その後、低成長期からバブル期に入る頃、加藤純一は「食の美学」として食育を提唱し、飽食の時代を反省しながら、自然哲学に基づく人間社会の在り方を説いた（加藤純一、1993年）。これは人間性を育み、共同活動によって食育は実践されるものとする考え方に特徴がある。これ以降、食育の議論は「知育」「体育」「徳育」を加えた四育構造を基本として、生徒の抱える身体的、学力的問題の解決が提唱された。これに地産地消、スローフード、伝統食や継承問題など、様々な概念が組み入れられることになる。これが2000年以降、食教育の一環として位置づきながら、総合的な学習の時間の導入もふまえて幅広い見地からの教育実践研究が進むことになる。この時期、食農教育の検討も進められており、食育は食農教育との整合性や定義の検討が十分に行われることなく、ダブル・キャンペーンの状態で展開され、事態を複雑にする。おおまかに整理すれば、食育は食教育から関連領域としての農の領域にアプローチし、関係機関と連携を図りながら相互の領域発展を目指す運動として捉えることができよう。

（3）食育基本法の意義と課題

　食育が2000年以降、広く知れ渡った理由の一つとして、マスコミの宣伝の他に「食育基本法」の存在があげられる。この食育基本法は2004年に一度国会提出された経緯がある。元々は自民党の食育調査会によって素案が検討され、その後議員立法という形で国会に提出されたのである。しかし、当時の民主党から地場産農産物利用促進のための具体策が不十分と指摘され、合意が得られず継続審議となり、2006年に成立した。

　食育基本法の目的は、問題点を食生活を中心に生活習慣の欠如、食の安全性低下、伝統の喪失、生産と消費の乖離とし、これを回復するために基本的施策として食育推進を、国民一大運動として展開することである。これに基づいて食生活の改善、都市・農村の交流、伝統継承が行えるように推進する

117

ことが明記されている。これによって食習慣を習得し、食に感謝する心が生まれ、健康や安全に配慮できる消費者を育てることができるとしている。そして、農山村の活性化と伝統の継承も行われ、食料自給率の向上を図り、これらの教育実践の蓄積をとおして国際貢献もおこなえるとする。これらは、これまで農林水産省が進めていた消費者理解や農業・農村理解の推進を継承しながらも、食育基本法の制定によって、更に助長しようとするものである。行政や立法機関が食育を推進するとき、ふまえられなければならない視点が二点ある。

　まず一点は、経済・社会に関する方向性の問題である。自民党は議員立法で食育基本法を提出し、推進する姿勢をとっているが、経済界はグローバリゼーションの進展に対応するため、2025年を目標に東アジア自由経済圏を構築しようとしている（日本経済団体連合会、2003年）。自民党はこの経済圏構築を推進するが、2010年以降には、東アジアでの経済圏構築ではなく、アメリカやオーストラリアなども含めた環太平洋戦略的経済連携協定（TPP）へとつながっていくことになる。この中では国際競争に対抗し、アジア地域の連携強化を図るために様々な対策が盛り込まれている。この対象は農産物も含まれ、この中で食料自給率は根本的に問い直されなければならない。食料自給率はアジア地域もしくは国内での概念のどちらかで語られることになるかもしれない。また、農林水産省は国際競争力強化を図るため、農業の経営規模の拡大を図り、企業的な経営をおこなう農家を支援するために補助金を集中的に投入することが顕著になっていくだろう。しかし企業的経営に転換できる農家は多くはない。中山間地域の多い日本ではおのずと限界がある。株式会社参入も進み、投機対象としての農地の問題が発生することが懸念される。2015年以降、人口減少社会に突入するが、高齢者の比率は増加する。それが2040年には高齢者人口もピークを迎え、かなり深刻な人口減少期に突入することが指摘されている。こうなると、日本の農業や食産業を維持していくために、企業的経営をおこなう上で外国人労働者が流入することになる。外国人労働者に対する様々な対応が求められよう。

第5章　環境教育における食と農の教育論

　一方で、2006年には教育基本法が改正され、国を愛する心の育成（愛国心）が進められることになったが、食育の伝統継承と密接に係わることを理解しておく必要がある。外国人労働者の増加は、国民のアイデンティティ形成にも大きな影響を与えることが想定され、大きな社会問題（差別の助長、犯罪の増加など）となる可能性がある。食育の推進がこれらを助長することは避けねばならない。

　二点目は、食育基本法における伝統文化や都市・農村交流の教育的意義検討の不十分さである。食育基本法では初めに伝統文化継承ありきの感がある。これによって子どもの食生活習慣がどのように改善されるのか明確でない。伝統文化が継承されなくてよいという指摘をしたいのではない。これまでの食育、食農教育実践において伝統継承を謳った実践は数多く展開され、アンケート調査により、体験による一時的で表面的な結果への過大な評価は気にかかるところである。学術的な検討を進める前に、伝統ありきの視点が見え隠れする実践は問題が多いといわざるを得ない。都市・農村交流においても農業・農村理解の色合いが濃く、これでは農村・農業に関する知識習得の実践に陥ってしまう危険がある。改めて、伝統文化は継承する部分がありながらも、時代に合わせて新たに作り上げていくものであり、変化を受け入れていくことでもある。また、農業・農村に関わったことのない子どもたちが、社会参加・参画の機会を奪うことになり、持続的な都市・農村の共生・対流のみならず、持続的な農業・農村の担い手になることも阻害することになりかねないことを指摘せざるをえない。食育における伝統の継承の議論は慎重さが求められる。

　以上のことから、食育や食農教育は食と農それぞれからのアプローチにおいても、共に農業・農村理解に基盤がおかれ、生活習慣や伝統の継承を行おうとしていることは共通している。しかし、それは多くの矛盾を抱えながら進められており、人間として何を取り戻すのか、本質的な議論が求められることを指摘しておかねばならない。持続可能な食農教育は、この本質を乗り越えるものとして環境教育学において検討される必要がある。

119

4　持続可能な食農教育における生活概念

（1）生活の取り戻し

　現代社会は資本主義経済が進展し、グローバリゼーションのただ中にある。現代社会は多くの日本人に豊かさを求めながらも、雇用形態が分離し、格差が助長されている。そのような状況で、豊かさとは何かが問い直されねばならない。尾関周二は「人間の生活活動にかんして、商品を作り、購入し、消費するといった形態をとった人間活動が高い評価をともなって貨幣を軸に回転」しており、これを「商品依存型社会」と規定する。豊かさは商品の購入によって得られる消費文化によって形成されたものとしている（尾関周二、1992年）。この社会によって食と農は生産と消費に分離し、今日に至っている。特に消費文化は食と農を分離させるだけでなく、分離過程を通して人々の生活も分離した。尾関は生活の実体を二つの視点から捉えている。一つは人間と自然の関係から物質的代謝を媒介する労働の視点、もう一つは人間と人間の精神的代謝を媒介するコミュニケーションの視点である。これによれば、自然との関係と社会との関係も分離されたことになる。これをふまえて生活を取り戻すという試みは、労働とコミュニケーションを取り戻すことと同義になる。二項的に捉えれば人間と人間、人間と自然の関係をそれぞれ食と農とで分担し、これを一体的に捉えれば解決できるようにも思われる。しかし、それでは食と農を表面的にしか捉えていないことになる。食にしても農にしてもその本質そのものが分離されているという前提に立つ必要があり、これが生活力の回復と連結していくと考えられる。

（2）生活力の形成のために

　生活を取り戻すということを教育的に考えると、一つは家庭教育の課題のように思われるかもしれない。これは生活が個別の社会的要因に規定されるものとして捉えられると考えられるが、そのことが生活を分離し、矮小して

第5章　環境教育における食と農の教育論

図5-2　農の本質に基づいた生産概念

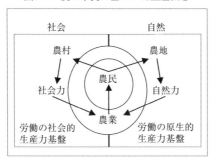

捉えていることを踏まえねばならない。生活の本質を人間と人間、人間と自然の総体として捉えれば、食と農の本質にもつなげて捉えることができる。ここでは農の領域を例に農業の生産力構造の概念に基づいて整理を試みる。**図5-2**によれば、農民（人間）を中心に産業（生業）としての農業が取り巻き、ここから社会的存在としての農村（人間－人間関係）、自然的存在としての農地（人間－自然関係）への働きかけが行われる。この働きかけの流れは労働によって表現され、農村を経由して社会力が、農地を経由して自然力が、それぞれ農業に還元される。これはそれぞれ労働の社会的生産力基盤と原生的生産力基盤として捉えられる。この体系は日本農業が零細農耕を基盤として存在していることを前提にしている。農の近代化過程によって地域の機能（教育力）は、農村に対して共同体の解体による弱体化を示し、農地に対しても目的合理性に基づく技術価値偏重が推進され、地力の低下を招いてきた。それぞれの問題が個別に解決の糸口を探ってきたが、一方だけの解決は困難である。このために地域の再編が求められるが、そもそも日本の農の領域は零細農耕を根幹とし、共同体や国政への依存を強め、政権党への従属を表現して生き残りを保証し、時に耐えてきた。これが「ムラ」であるが、戦後の経済発展は、この「ムラ」からの解放という側面を持ちながら、地域の教育力も弱体化させてきた。地域の教育力を取り戻すことを考えると、昔の「ムラ」（村落共同体）や愛国心を涵養することだと考えが至りやすい。しかし、

121

経済的格差が広がり、家族どうしでも支えるのが困難な状況が生み出されている現在では、昔の「ムラ」の復活は困難である。為政者にとっては従順な「ムラ」社会の構成員の育成は都合が良いはずであるが、グローバリゼーションの進展と人口減少、外国人労働者の受け入れなどが進めば、固有のアイデンティティを強調した「ムラ」の復活はありえない。しかし、協働の創造を行わなければ、地域を維持できない。ここで求められるのは地域の自立を念頭に置いた「新しいむら」の構築である。ただし、これを担う主体は、それぞれの自立を前提とするために、少数の企業的な農業経営者によって担われるものではなく、人格的、経営的に自立するものの地域資源管理においては協働を前提とし、多様な産業形態を内包する、具体的には半農半Xのような家族経営の創出でもある。この協働に基づく資源管理は、永田恵十郎の唱える地域の特性に基づいた地域資源管理（永田恵十郎、1988年）である。この家族経営による多様な職種が協働する過程において、労働が捉え直され、子どもや成人が一体となる実践により生活が形成、取り戻されることになる。そこには自己教育や省察的学習が内在することになる。そこには人間と人間、人間と自然の関係を総体化した人間らしい生活が見出されると考えられる。

5　食育・食農教育の課題と可能性
—持続可能な食農教育の展開に向けて—

　生活の取り戻しが地域の機能（教育力）の再構築と関係することを先に指摘した。しかし、そもそも地域の機能（教育力）とは何であるかは整理しておく必要がある。地域資源管理における協働作業であれば、これまで各地域において管理がおこなわれてきた。しかし、その管理が年々困難になってきていることは例をあげるまでもない。改めて地域再生を支える地域の教育力を考える時、藤田英典の指摘する地域の教育力の低下要因を振り返ってみよう。藤田は低下の要因を4つ指摘する。①地域機能の移転、②縦集団の崩壊、③横集団の崩壊、④家庭の自立化である。特に縦横の関係が崩壊したことは

第5章　環境教育における食と農の教育論

大きい。これを取り戻すには、縦横の集団形成だと安易に考えられよう。現に、これまで行政を初め、JA等でさまざまな集団形成を行ってきた。しかし、人員の移動や事業終了、地域の人材不足などによって地域集団が自立することなく衰退し、再形成する体力を奪い、過疎もしくは消滅というスパンに突入しつつある。これを乗り越えるため教育学の手法に注目すると、形成した集団への周辺参加・参画の方法が問われ、持続的で主体的な関わり方への支援が重要になる。

　一方で、学校教育における食育・食農教育についても触れねばなるまい。改めて、食や農に関する知識の習得のための体験から脱し、伝統を創造しながら継承する教育の展開が求められる。その基礎として、社会等への同調ではなく、個性が重視される食育・食農教育実践の検討が求められる。具体的には①味覚教育により他者との違いを共有、共感し、尊重する力量を形成。②食物アレルギー学習により、自分と他者が食べられるものが同じではないことを理解し、命の教育とも連動させた学習の展開。③フード・マイレージなどを通した環境に配慮した行動主体を形成する学習の展開。④農地と周りの自然環境（湿地や河川など）との関わりを重視した学習の展開。⑤食育・食農教育において食や農に関する認知的学習方法から非認知的学習方法に注目した体験学習の展開などが挙げられる。

123

第6章　環境教育とコミュニティ生活体験学習論

藤盛　礼恵

1　生活体験学習の歩みと現状

（1）生活体験学習の歩みとその背景

　現在、社会教育や学校教育を問わず、日本の生活体験学習の様々な実践が全国的に展開されている。これらの動きの背景には核家族化や少子化などの社会現象から生じた子ども達の「生きる力」の未発達による問題行動の増加や未熟な親の増加、地域の教育力の低下といった問題がある。生活体験学習の目的は、野外活動などの体験学習と同じく「生きる力」の育成であり、発達段階において経験・習得しておくべきことを体験することが必要であるという考え方が根底にある。直接体験が希薄化している今日、体験学習に求められている期待は大きい。かつては、大人から子どもへ、年長の子どもから年少の子どもへと生活の中で伝承されてきた体験は、社会の変化とともに、その機会を減少させてきた。親の世代の多くの大人自身がその生活の中の直接体験不足のため、体験の仕方をしらない。そのため、生活の体験を学習として取り入れることが重要視されることとなった。環境教育においても、この直接体験不足による地球環境への想像力の貧困や問題解決のための能力育成などの課題が学習目標や内容として扱われている。体験学習では、直接的な体験や具体的な活動を通して学ぶ方法がとられ、学習として行われる体験から学びを生むことをねらいとしている。

　文部科学省も体験学習を促進している。1977年改定文部省「学習指導要領」では「ゆとりと充実」を盛り込み体験を重要視し、わが国の教育施策はこの方向性のもとに進められるようになった。96年の第15期中央教育審議会答申

125

「21世紀を展望したわが国の教育の在り方について」においては、「生きる力」や「ゆとり」を課題とした体験学習の促進がうたわれた。99年の生涯学習審議会答申「生活体験・自然体験が日本の子どもの心をはぐくむ」においては、更なる子どもの体験重視とその地域基盤整備の必要性が唱えられた。日本生活体験学習学会もこれらの動きを受けて創設されているが、そのきっかけとなっているのは、すでに83年から始まっていた福岡県庄内町の生活体験学校の実践であった。この実践を評価した研究者や実践者が中心となって、99年に生活体験学校で開催した「第1回生活体験学習実践交流会」が基となり、2000年には「第1回日本生活体験学習学会研究大会」が開かれ、2001年に学会誌が創刊された。

（2）全国の様々な生活体験学習実践

　現在、福岡県庄内町の生活体験学校の通学合宿をはじめとして、多数の主催団体が様々な生活体験学習実践を行っている。通学学習は、教育委員会や公民館が主催するものも多くある。国立教育政策研究所社会教育実践研究センターがまとめた2001年度の「地域における通学合宿活動の実態に関する調査研究」では通学合宿を実施した（予定も含む）市区町村は231箇所あり、2年前の154箇所に比べかなり増えていることがわかる。このことは1999年の生涯学習審議会答申を受けて、通学合宿および生活体験学習の重要性への認知が高まったことを示していると考えられる。また、山村留学については96年の中央教育審議会答申で「都市部の子どもたちが、親元を離れ山村など自然環境の豊かな地域で暮らしながら、その他の学校に通学したり、自然体験や勤労体験など様々な体験活動をする山村留学は意義あるものと考える。」とされており、各自治体や財団法人、NPO法人などが取り組んでいる。このような山村留学も生活体験学習実践のひとつといえる。山村留学では、受け入れられた都会の子どもだけでなく、受け入れ先の山村の子ども達にとっても、自分達の農山村生活文化や地域環境の価値を見直す重要な体験となっている。

第6章　環境教育とコミュニティ生活体験学習論

　また、幼児教育での実践もある。大分県の如水保育園では園の日常生活の中に生活体験学習を取り入れている。実践によって①体力・運動能力のある子が育ってきた、②低体温児がいなくなった、③表現力と集中力が育った、④早寝早起きの子が増えた、⑤テレビの長時間視聴児が減ったという子ども達の心と体の変化を報告している（時田純子、2001年）。

　他にも、少子化や核家族化の中で子育てに関する悩みや不安をもつ親を支える子育て支援の活動も親を巻き込む形で子どもの「生きる力」を育成する生活体験学習実践のひとつとして位置づけられている。親をサポートすることで親子双方の生活体験の欠損を補い、家庭における生活体験の継続が行われるように、各地において各団体によって行われている。文部科学省でもこのような活動を支援しており、2002年度から子育てやしつけについて、気軽に相談にのったりきめ細かなアドバイスなどを行う「子育てサポーター」を委嘱する事業も実施している。

　このように、生活体験学習の守備領域はかなり広く、多くのものを受け入れていくことにより、受け皿となる地域社会自体の歩みとともに、日本における生活体験学習学および実践が整理されていくことが期待できる。

2　生活体験学習の特色と構造

（1）「生活」を体験学習するとは

　生活体験学習を考える上で、「生活」概念について考えてみる必要がある。「生活」とは、社会的関わり「人－人」と自然的関わり「人－自然」の接点として生み出されるものである。南里悦史は著書の中で「生活体験と生きる力の環境づくりが日常生活の個別・分散化ではなく総合的な地域や人々との関係性においてなされているかがたいせつである。」と述べている。「生活」は自然や社会を媒介にした人間の営みの蓄積である。それゆえに生活体験には意義があり、学習として補う必要がある。また、生活文化は地球環境を前提として創造されている。そのため生活体験学習は自然体験学習および社会

127

体験学習を前提に展開されるといえる。環境社会学の嘉田由紀子らの「環境と人間のかかわりを日常生活の視点から見よう」とする生活環境主義思想でも、「生活」の地域環境との関わりとそこに生活する住民の営みについて論じられている。これらを踏まえ、各体験学習を考えてみると自然体験学習では「人－自然」の関係を学習対象とし、社会体験学習では自然の上に成り立つ「人－人」の関係が対象となっている。構造としてこれらの関係を対象とした学習を前提に成り立っているのが、生活体験学習だといえる。

　体験学習の内容については、環境教育学では自然環境以外に社会環境（人的環境・文化的環境など）が含まれる広義な「環境」が学習対象となっており、その体験学習も自然体験学習に限定されるものではない。生活体験学習においても自然、社会、生活の視点が含まれるという点で、環境教育学および生活体験学習の学習内容には共通点がある。環境教育は地域、国、地球上のすべてのものが公正な関係を保ちつつ持続していくことを目指すために、私達が自らを取り巻く環境について認識し、生活文化が創造され継承されてきたことを知り、環境観を形成していく教育であり、人が自然と関わる部分を出発として生きているという視点を欠くことができない学習である。生活体験学習は「生活文化創造を行う学習」（猪山勝利）であり、生活能力の育成を体験という手法を用いて行う教育実践であり、創造するという点において、人が自然と関わり生活が創られるという視点が含まれている。

　生活体験学習および社会体験学習、自然体験学習は、学習対象（人・自然）と学習者がどのような関わりをする学習内容であるかを基準に分類することができる。その基準とはすでに存在しているこれらの学習対象を創りかえるものであるか、どう影響を及ぼすものであるかということである。生活体験学習は「人－自然」「人－人」の関係を学習対象にしており、特徴としては「生活」という性格上、関係性を創造していくことにある。

（2）生活体験学習の特色

　まず、体験学習における主体－客体性の視点から生活体験学習の一つ目の

特色について説明をする。これまで教育学において、学習者の主体客体に関する様々な議論がある。かつて、デューイは経験主義教育思想のなかで、児童・生徒を学習の主体とし「体験」を連続的に行うことを教育の本質的な活動とした。また、尾関周二は環境哲学の視点から、教育における主体－客体関係は学習者と人類文化とのあいだにあり、教師や指導者は人類の文化の要約としての教材を利用しながら、伝達されるべき知識内容を自分なりに対象化・具体化していると述べている。

　ここで提示する体験学習の主体的体験学習・客体的体験学習とは、このような学習者と指導者との関係における主体－客体関係ではない。体験学習の内容を明らかにすることを目的として学習者の行為に視点をおき、学習対象である自然環境に対して学習者がどのような関わり方で体験を行うかを説明したものである。体験学習は大きく二つの性格に分類することができる。一つは学習者が対象に積極的に働きかける主体的体験、もう一つは働きかけをせずに参加や観察をする客体的体験である。自然体験学習および社会体験学習は学習対象である自然環境や人的環境に極力負荷を与えずに参加や観察という関わり方で学習を行う客体的体験である。それに対して、生活体験学習は、人間が自然環境の中から創造する生活文化、つまり自然環境を利用することで成り立つ生活を学習する主体的体験である。自然体験学習および社会体験学習は、知識と経験を得ることを目的とする共通点をもつ体験学習である。自然体験学習は「人－自然」の関係について参加・観察を行い、学習対象に対して極力負荷を与えず、対象である自然への変革をともなわない学習である。その学習の中で学習者は感性の育成、気づきなどを行う。同様に、社会体験学習は福祉・公共ボランティア体験など、「人－人」関係を学習するものであり、対象に対して参加や観察という行為で関わり、学習対象に影響を与えない。社会体験学習に関しては、特にその学習内容の期間・質・目的によって、生活体験学習と差別化を行う必要がある。

　次に二つ目の特色について、生活体験学習を「労働」の観点から説明する。「労働」とは、対象との関係でみれば、「自然に対する人間の加工」ならびに

図6-1 自然体験学習と生活体験学習の関係図

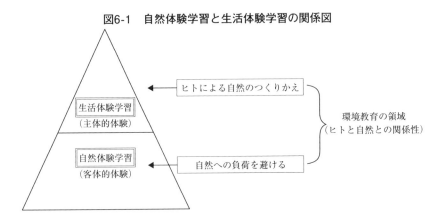

「人間による人間の加工」という二つの側面をもつ。労働・生産は、学習対象である自然環境および人的環境に対して、学習者が主体的に関わり、創造を行う行為である。学習対象に対して創造を行わない自然体験学習および社会体験学習の客体的体験学習とは区別して、生活体験学習は主体的な体験学習であること、「人－自然」「人－人」の関係についての学習を行うことを一層強調するために、生活体験学習の中に「労働」の概念を含ませる。また、人は自然の一部であり、人の労働・生産は「人－人」の関係の中だけでは創造されない。そのため、労働・生産を生活体験学習に含ませる。

　これらのことから、環境教育実践の視点から生活体験学習を自然体験学習と重層構造にある関係として捉えられる（**図6-1**）。この重層構造図が示していることは、生活体験学習は自然体験学習を前提として成り立つこと。そして、創造を伴わない客体的な体験学習である自然体験学習と、創造を伴う主体的な体験学習である生活体験学習は、その性格によって分類されていることである。また、体験学習プログラムの期間・質・目的によっては、自然体験学習が生活体験学習への導入になり得る関係にある。

（3）生活体験学習と環境教育との接点

　環境教育および生活体験学習の共通点は環境教育および生活体験学習の双

方においてデューイの経験主義教育思想から生まれた体験学習という手法が用いられていることである。環境教育では、自然環境に関わる部分に視点をおいて学習を展開する。その点からも、環境教育が領域とする体験学習は、「人－自然」関係に視点をおいている生活体験学習と自然体験学習のふたつであるといえる。生活体験学習を環境教育実践の視点を持って検討する意義はここにある。

　生活体験学習は、生活能力を育成することを目的とした体験学習である。環境教育においても、広域化・複雑化した社会の中の生活に視点をおくことが必要とされている。先にもあげたように生活体験学習が「人－人」「人－自然」の関係に視点をおいて展開されることは、環境教育に深く結びつく。生活体験学習を考えることは環境教育の体験学習を深めていくことでもあり、社会構造の変革をめざす教育ともつながりをもつ意義深いことである。

　また、生活体験学習の内容を検討することは、体験学習の構造を再構築するだけでなく、その体験の対象となる実生活を問うことにもなる。環境教育学では、その環境教育実践の学習過程において、学習者の主体が形成される。生活体験学習実践においても生活を対象に学習が展開されることにより、その生活の担い手と地域は影響を受けていくことになる。そして、将来を担う子ども達が様々な複雑化した問題に対処できる能力、つまり生活能力の育成が重要となってくる。このように、学習展開の中で行われる地域づくりや学習者の主体形成に関しても、環境教育学実践の視点を踏まえることで、より意味付けがなされるであろう。

3　生活体験学習と地域伝承

（1）生活体験学習実践と地域づくりの関連

　近年、実際に地域社会の諸条件の中で暮らしをしている地域住民を良き教師（地域案内人）とした「学習」の形がとられる実践が増えている。体験学習の展開とともに地域の教育力および学・社連携の必要性が高まっており、

その結果、地域の見直し、地域の再構築が行われる事例も多く目にするようになった。生活体験学習は、環境教育実践と同様に地域住民が地域内外の様々なつながりに気づき、住民の主体形成をする契機になるといえる。なぜなら、生活体験学習の学習者が、主体的に対象である地域環境に関わり創造を行うという性格上、生活の場および生活内の人間関係の創造がなされると考えられるためだ。地域の中で労働・生活体験学習が行われることにより、「人－自然」「人－人」の関係が創造される。この創造こそが地域づくりと関わるのである。生活体験学習学会のなかでも、体験学習の継続や日常性への戻しについて議論になっており、特に親子や地域内の大人と子どもの関係づくりが焦点となっている。このことは地域住民の主体形成と関わり、どのようにして地域の中で「人－人」「人－自然」の関係を形成していくか、その上でどう地域を創造していくかという問題と関わる。そういった意味で、生活体験学習実践の展開に伴う地域づくりの学びは、「地域創造教育」（鈴木敏正）として発展する。

　経済学者E. F. シューマッハは、「教育の核心は価値の伝達にある」と述べている。伝承によって維持される生活文化がある。その際、何を伝えたいか、伝えるべきかという選択によって、地域が創造されていく。この選択こそが、住民の主体形成過程であり、地域形成過程である。そして、子ども達に伝えるものによって地域は創造されていくという積極性が生活体験学習の特色で

ソバ打ち（筆者撮影）

火おこし（筆者撮影）

もある。生活はその地域の地域環境を反映し創造されてきたものである。その地域特性を活かした生活体験学習こそが、地域に生きる子どもの生活能力を育てる。そして、コミュニティの中の一員として、子どもが主体的に参加できる場の提供にもなり得る。主体的な労働・生産を含む創造の体験学習は大きな可能性をも持ち合わせているのである。

（2）地域の伝統智を活かした生活体験学習

　近年、グローバリゼーションとともに、「地域文化」「伝統文化」の見直しの動きが高まっている。地域文化をはじめとする特色を地元住民が調べ、伝統智を学ぶことで地域を再認識・再構築しようという「地元学」などの地域の動きもある。イギリスの社会学者ギデンスは、「グローバル化によってまず破壊されるのは地域社会の古い秩序である。もともとの秩序と再建された秩序の差異は、地域によりさまざまであろうが、それにもかかわらず、再建された秩序はまたあらためてグローバル化に対する対抗として作用する。広い意味でのグローバル化とは、地域社会の破壊という作用と、地域社会の再建という反作用とを同時に含んだ過程である。」と述べている。

　では、地域社会の古い秩序つまり伝統、そして再建とはなにか。エリック・ホブズボウムがいうように、伝統とは不変のものではなく、政治的・経済的・文化的な要因によって創りだされているものもある。しかし、伝承されてきたものの中には、外部の力で創られ切れない地域内発的なものが含まれていると考えられる。地域内で細々としかし根強く伝承されてきた伝統の中には、地域環境に生きる切実さから生まれ自然な営みによって育まれた智恵がある。民族植物学は真にそれらの智恵を研究領域とする学問である。人間の採取・栽培・加工などの創りだす行為や、人間が植物を利用し植物とともに生きてきた過程とその関わり方から学ぶことは多い。また、このことは生物の多様性を保全する必然性にもつながる。学ぶことは真似ることではなく、反復することでもなく、新しい価値伝承を作り出していく再建の過程である。

　生田久美子は、宮大工の「わざ」の伝承過程を事例に、「技能（技法）」と

「技術」との違いを、技術を影から支えている「知識」を含むものとして紹介している。この「技能（技法）」は、先ほど述べた伝統智と等しいものであり、ここでいう「知識」とは情報のみならずその情報を包括するような価値観をも含むものである。職人の「わざ」の伝承と同じように、地域において伝承されてきた農耕や食生活文化なども、農法や調理加工法の技術とともに地域の生物多様性など様々な視点を含む伝統智を伝えてきたといえよう。人々はそのような伝承や体験から学び、各人の地域環境観を創り上げてきた。

　生活体験学習の学習目標のひとつに、生活技術の取得がある。この教育的意義は、前述の伝統智の伝承から考えることができる。かつて、欠かせなかった生活技術が、現在では必要不可欠ではなくなっているという現実がある。しかし、生活技術の取得は技術に伴う「知識」（価値観・世界観）の獲得に意味があるのだ。そのため、科学技術の進歩や生活の市場化の中で失ってきた「知識」を、体験によって補う必要がある。さらに、地域の中で生まれてきた伝統智には地域の中でまもられてきた地域を観る環境観も含まれるため、その伝承には一層の意味がある。

　グローバル化社会だからこそ、地域社会は再構築が求められている。地域社会がコミュニティとしての力を持ち、伝承されてきた伝統智を再把握し、伝えるべき新しい価値観について議論をしている今こそ、環境教育実践や生活体験学習実践が地域社会の成熟とともに発展していくのである。

4　地域における生活体験学習の可能性

（1）小学校教育「生活科」における生活体験学習と環境教育の視点

　この節では小学校「生活科」における学習内容から環境教育や生活体験学習の目指すものについて、その関連とともに整理してみたい。1989年に創設された「生活科」だが、創設前の議論の段階では「環境科」という案もあった（吉冨芳正・田村学）。それは何を意味するのか。子どもを取り巻いている環境を具体的にあげてみると、家庭、友達、学校、通学路、地域の中での

第6章　環境教育とコミュニティ生活体験学習論

動植物、人々、施設、様々な出来事などである。子どもを取り巻く環境の中で、環境のことを学び、その活動から自立の基礎を養う。小学校低学年という発達を踏まえ、子どもを取り巻く環境とは、まさに「生活」そのものなのだ。

　「生活科」の目標は「具体的な活動や体験を通して、自立への基礎を養う」であり、3年生以降の総合的な学習の時間の目標は「横断的・総合的な学習や探究的な学習を通して、自己の生き方を考えることができるようにする」である。低学年の「生活科」では「自立への基礎を養い」、そして、次の「自己の生き方を考えることができるようにする」ステップへの土台を作っていくことが掲げられていることがわかる。

　また、「生活科」では、子ども自身が地域の一員であり、その自分が属している地域で生活や仕事をしている人々や地域の様々な場所や空間などについて、自分との関わりの視点を持ちながら、愛着を持つことが目標になっている。この目標の中で特に重要だと考える箇所は、地域のことに興味や関心を持つことにとどまらず、地域のよさに気付き、愛着をもつところまでを目指すところである。社会の中の子どもの家庭、そして、その家庭がある地域に対して愛着を持つには地域の人々と自分との「つながり」「関係性」が見えてくることが必要となる。子どもにとっての環境は、家庭、学校、そして地域である。環境教育の視点においても、子どもが自分を取り囲んでいる環境について、認識を持ち、そこに自分との関係を見出すことが、環境教育の基本的な視点として、とても重要である。この自分を取り巻くものをどこまで認識でき、かつ、自分との関係性を見出し、点在するものをつなぎ捉えていく力は様々な問題や事象を理解する上で不可欠なものである。

　2008年1月の中教審の答申に基づいて、学習指導要領改訂が行われ、この改訂でポイントのひとつとなったのは、体験から生まれた気付きの質を高めるための教師の支援の在り方である。そのために、学習指導の進め方として、「振り返り表現する機会を設ける」「伝え合い交流する場を工夫する」「試行錯誤や繰り返す活動を設定する」「児童の多様性を生かす」が挙げられている。

「生活科」の学習は、児童が自分とのかかわりの中で、身近な人々、社会および自然に直接働きかけ、また働き返されるという双方向性のある活動をめぐって展開される。自分とのかかわりに関心を持つということは、外部の環境からの刺激に対してただ表面的に反応するのではなく、それが自分にとって価値があると実感し、それへ積極的に向かっていくことであるとされている。「生活科」は身近な人々、社会及び自然と直接かかわり合う中で、それに必要な習慣や技能を身に付けることを目指している点で、生活体験学習の目指しているものと共通であることがわかる。

（2）コミュニティにおける生活体験学習の今後

　「生活科」が小学校で行われる上で、教師が「生活科」の本来の目標を達成しようとすると、地域や家庭との連携なくしては成り立つことが難しい内容になっていると言える。子ども達が自分との関わりを地域や身近に取り巻く事象に見出していくことが求められているからだ。また、その特色を考えると、第3節で述べたような環境教育でも生活体験学習の実践でも見られる子どものコミュニティの一員としての主体的な参加への導入、体験を主とした学習が行われる中での家庭や地域社会自身の見直しが行われる要素が多くある。

　社会教育のみならず、学校教育の中でも、環境教育や生活体験学習で目指す内容が、義務教育として継続的に子どもの発達に応じて行われている。1989年に「生活科」が創設されてから30年近くが経とうとしている中で、自立の基礎を養うことを目標においた「生活科」は教育課程の中で、ますます中核的な役割を期待されている。この科目では、ひとりひとりの子ども達をよく見てとり、子ども達が学習対象に対して、何らかの関わりかけをしていくことを評価していくことを大事にしている。合科的な指導を行う中で、各科目や様々な行事とも関連させつなげていく視点も持ち合わせている。このように学習者である子どもが主体的に、身近に取り巻く環境の中で、環境について、そして自分自身について学び考え成長していくことを、家庭や地域

第6章　環境教育とコミュニティ生活体験学習論

社会が見守り支えていき、点在するかのように見える事象がつながっていく実践が行われている。今後、これらの学習実践は、子どもの「生きる力」育成という視点でとどまることなく、自然な日常の営みの中で、もしくは関係性を構築していくプロセスの中で、家庭や地域社会全体を変えていく可能性を秘めていると言える。

第7章　持続可能な開発のための 教育構想と環境教育
—ESD論—

小栗　有子

1　持続可能な開発のための教育の源流

（1）環境教育と持続可能な開発のための教育の関係

　持続可能な開発のための教育（Education for Sustainable Development: ESD）の代表的論者であるチャールズ・ホプキンズは、環境教育の出発点は、人間の環境が世界的関心事となった国連人間環境会議（ストックホルム会議、1972年）であり、ESDの出発点は、環境に加えて開発が世界的関心事となった環境と開発に関する国連会議（地球サミット、1992年）と断定する。この主張は、日本の状況を考えてもさほど外れているとはいえない。すでに他の章で述べられているとおり、日本の環境教育実践の源流にあたる公害教育も、自然保護教育も70年代前後に登場している。他方、持続可能性の概念が、日本の環境教育実践に影響を与えはじめるのは90年代以降のことである。

　では、環境教育とESDの関係はどのように捉えられているのだろうか。例えば、両者の関係を伝える文書としてよく引き合いに出されるテサロニキ宣言11（1997年）は、「トビリシ勧告（1977年）の枠組みの中で発展してきた環境教育」が、「アジェンダ21や国連の主要な会議が扱ってきたグローバルな問題の全てを包含」していることから、「環境教育は、環境と持続可能性のための教育であるといって差し支えない」と結んでいる。他方、ESDを論ずる国際文書としては最新の「国連持続可能な開発のための教育の10年国際実施計画」（2004年10月）によると、「持続可能な開発のための教育は、環境

教育に同一視されるべきものではない」と明確に述べている。また、ESDをめぐる討論をインターネット上で実施した研究報告書は、両者の関係を図7-1として伝える（IUCN、2000年）。最も支持者の多かったのは、「ESDは環境教育が進化した段階」であったが、残りの三つの関係を支持した論者もおり、見解が一致していないことがわかる。

　この混乱状況は、ESDに対する理解だけでなく、これまで積み上げてきた環境教育の到達点に対する正確な認識を見誤らせる恐れがある。またそのことは、安易に環境教育をESDに置き換える議論を招きかねない。環境教育が、この先何を踏み台にして、どこに向かえばよいのかを見定めるためにも、環境教育とESDの関係について、共通認識がもてるなんらかの整理が必要である。本章は、環境教育とESDの関係についてその出自にまでさかのぼって検証することで、今後さらに両者の関係について議論を深め、環境教育の未来を展望する端緒を提示したい。

　なお、本章では、主に国際的な協議を通して形成されてきた言説（グローバルな言説）と枠組みを対象にすることをあらかじめ断っておく。ESD構想

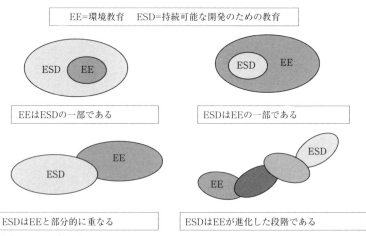

図7-1　EEとESDの関係図

出典：IUCN（2000）：'ESDebate International debate on education for sustainable development' Editors: Frits Hesselink, Peter Paul van Kempen, Arjen Wals, p.12

第7章 持続可能な開発のための教育構想と環境教育

自体がグローバルな言説の申し子であり、最初の試みとして環境教育とESDの整理を行うためにはやむをえない。グローバルな言説に捉われない、国や地域の固有の状況や現実から出発した分析は別の機会に譲りたい。

(2) ストックホルム会議の副産物としてのESD

筆者は、環境教育とESDの関係を図7-2のように考えたいと思っている。環境教育もESDもその起源を、同じストックホルム会議にあるとみなし、共通の問題を背景に登場してきたとする整理である。誤解を恐れずにいえば、ESDをストックホルム会議の副産物として整理する考え方だ。当時の時代状況は、持続可能な開発概念を理解する上でも大切なので、少し丁寧にみておきたい。

1972年のストックホルム会議は、環境史のエポックとして有名だが、すでに1970年頃までに先進工業国を中心に環境における革命が起きている点に注目したい（ジョン・マコーミック、1998年）。日本でも70年代といえば、四

図7-2 環境教育とESDの関係

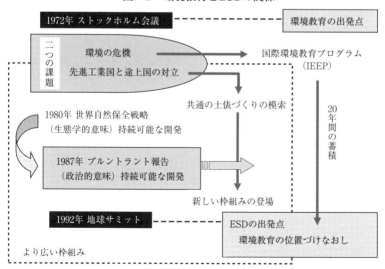

大公害訴訟の勝訴を始め、公害対策基本法の制定（1966年）や環境庁の設立（1971年）など環境政策が飛躍的に改善した時期である。世界的に見てこの時期は、第二次世界大戦後の荒廃からアメリカ、日本、欧州を中心に社会経済復興が順調に進む一方で、環境汚染による人間の生存が脅かされる状況が、近代科学技術の発展に伴って先進工業国の間で広まった時期であった。

　科学的側面からの国際協力はすでに始まっていたが（生物圏会議、1769年）、政治的、社会的、経済的な問題に踏み込んで取り組む必要からストックホルム会議は構想された。「先進工業国だけでなく、発展途上国の人々の物理的、精神的、社会福祉的環境、さらには、人間としての尊厳と基本的人権に影響を及ぼすことを憂慮」し、また、「人間環境の問題が、健全な経済と社会発展に不可欠」であることから会議は招集された（国連決議2398〈ＸＸⅢ〉、1968年）。だが、人間環境の問題が最大の政治課題になっていた先進工業国に比べ、途上国の状況は違っていた。

　人間環境に関する会議の提案が国連総会に提出されたとき、グループ77（G-77）（国連の中の第三世界の連合組織。国際的な経済問題に発展途上国の発言力を高めるために設立）は、開催の条件として次に挙げる項目をその後国連に決議させている。①天然資源に対する国家の主権を永久に行使できることを尊重すること、②いかなる環境政策も途上国の現在、および、将来にわたる開発の可能性を妨げるものではないことを認識すること、③環境政策によって負うであろう先進国における負担が、直接的であれ、間接的であれ、発展途上国に及ばないことを加えて認識すること、④各国は、自国の経済計画をおこなうことや、環境基準の設定に関する決定の権利を有することを尊重すること、⑤環境政策や手段が、発展途上国の経済、すなわち、国際貿易、国際開発援助、技術の移転も含むすべてに不利な影響を及ぼすことを防ぐこと、である（国連決議2849〈XXⅥ〉、1971年）。ここに挙げるG77の主張は、環境問題が純粋に科学的な問題ではなく、政治的、社会的、経済的問題に帰することを露骨に示すものであり、持続可能な開発に内在する対立の原型もなしているといえる。その主張を大きく分けると、1つは、環境問題をめぐ

第7章 持続可能な開発のための教育構想と環境教育

る発展途上国と先進工業国の関係とその責任所在についてであり、2つが、環境政策と経済政策、並びに、天然資源の支配をめぐる優位性の問題である。G77の主張は、先進国に対する途上国の強い懸念の表明を意味し、両者が同じテーブルにつく場が設定された地球サミット（1992年）の準備段階においても、**図7-3**に示すとおり南と北の考えの隔たりが、厳しい対立を顕在化させていた。先進工業国側が、経済成長より環境汚染対策を優先し、国際的な規制を要求したことに対し、発展途上国側は、環境対策よりまず経済成長と国民の生活の質の向上を要求した。環境汚染の対策を講ずるはずの会議は、予期せぬ新たな課題に国際社会を直面させた。南北の対立の表面化は、先進工業国が主張する環境問題の独善性を暴くことになっただけでなく、開発や経済秩序といった問題にも世界の目を開かせることになった。一度亀裂の入った関係は、ストックホルム会議の10年後に予定していた国際会議が先送り

図7-3　南北の考えの隔たり

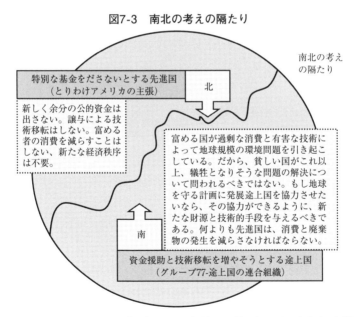

出典：フィリップ・シャベコフ『地球サミット物語』しみずめぐみ・さいとうけいじ訳、(2003) に基づき作成

図　2012年6月、地球サミットから20年振りにブラジルで「国際持続可能な開発会議（リオ＋20）」が開催された

トビリシ宣言から35年をレビューする会合を企画する代表団によるサイドイベント（筆者撮影）

2011年3月の東日本大震災を経験した福島から会場にメッセージが寄せられた（筆者撮影）

となる深刻な状況を生んだ。その後国際社会は、先進工業国と発展途上国の対立を解消する道を探ることになる。そして、その模索の延長に登場するのが、対立を超えた新たな枠組みを提供した「持続可能な開発」概念にほかならない。ESDはその直接の産物である。

　一方で、ストックホルム会議は、環境政策の面で大きな進展をみた会議であった。とりわけ、環境教育の発展にとって決定的に重要であった。会議で採択された「行動計画」第四分野「教育・訓練・情報交換」（勧告96）は、世界の環境危機に全面的に取り組むために環境教育の発展が最も重要な要件であることを明記した。この認識は、その後20年間にわたり環境教育の発展に大きく寄与することになる国際環境教育プログラム（IEEP）の開始を導いた。また、IEEPをユネスコとともに主導した国連環境計画（UNEP）は、ストックホルム会議でその創設が決まった。

　以上の経緯を踏まえるならば、ストックホルム会議は、環境教育にとってはもちろんのこと、ESDにとってもその成立の条件を与えた、とはいえないだろうか。環境教育は、ストックホルム会議の元来のテーマであった環境危機に対応すべき教育として、その役割を与えられた。一方、ESDは、ストッ

第7章　持続可能な開発のための教育構想と環境教育

クホルム会議で初めて健在化した「先進工業国と途上国の対立」が提起する
諸課題に対応する教育として、20年の歳月を経て国際舞台に登場することに
なる。

（3）国際環境教育構想の枠組み

　そして、ここで強調しておくべきことは、1972年を起点に開始された「国
際環境教育構想」（IEEPの中で発展してきた環境教育を以後このように呼び、
他の潮流の環境教育と区別したい）は、当初より「先進工業国と途上国の対
立」が提起する諸課題を射程に収めていたことだ。その象徴をIEEPの開始
年のベオグラード宣言（1975年）の中に見出すことができる。少し長いが引
用したいと思う。

　冒頭の「A　環境の状況」の説明として「最近出された国連の新国際経済
秩序宣言では、開発の新しい概念を求めている。―それは地球上のすべての
市民の必要と要求を満たし、社会の多元性と、人間と環境の間の均衡と調和
を図ることに配慮するものである。求められていることは、貧困、飢餓、非
識字、汚染、搾取、支配の根本原因の根絶である。これらの深刻な問題に対
し、断片的な従来型の方式ではもはや対応できない。」（CONNECT、1976年）
と明記されている。また、「この新しい開発倫理と世界の経済秩序を形成す
るためには、教育過程と制度の改革が中心におかれなければならない」（前掲）
とも述べている。

　このような枠組みの中で、環境を総体として捉えるための学際的な学び
（「学際的なアプローチ」CONNECT、1981年）、生涯学習としての取り組み
（「学校外教育」CONNECT、1982年）、意思決定への参加と個人・集団とし
て行動を促す学び（「問題解決型アプローチ」CONNECT、1983年）、価値
観教育（「環境的価値観」CONNECT、1986年）といった既存の教育に革新
を要求する方法論と内容論が構想されていった。

　国際環境教育構想の検討は次節でも扱うが、環境教育はその出自において、
その問題の射程を環境危機に留めることなく、ストックホルム会議が提起し

145

た「新しい開発」概念の必要性を踏まえた枠組みを構想している点は再認識しておく必要がある。このことは、**図7-2**に記す「環境の危機」に対応する教育が、先送りになった「先進工業国と途上国の対立」の問題に強い影響を受けて始まっていることを示すものといえよう。逆にいえば、環境教育が20年も先に、ゼロから積み上げてきた実践と理論の到達点が、ESDの出発点にあたることになる。このことを次で検証していこう。

2　「持続可能な開発」概念の登場と環境教育

(1)「持続可能な開発」概念の形成と今日の状況

　最初に、南北の対立を超える新しい枠組みである「持続可能な開発」がどういうものか。また、現在どのような状況にあるのか。ESDの理解に必要な要点を確認しておきたい。持続可能な開発という言葉の起源は、世界自然保全戦略（1980年）の中で、一定期間漁獲量を制限することで、海洋資源を持続的に利用・管理する考え方として紹介されたのが始まりといわれる。この言葉により政治的な意味合いを持たせ、広く知らしめたのは、日本政府の提案によって設立された環境と開発に関する世界委員会の報告書（ブルントラント報告）「地球の未来を守るために」（1987年）である。この報告書は、「持続的な開発という概念は、環境政策と開発戦略を統合する枠組みを提供する」と述べ、両者の関係について「環境と開発は切り離しては考えられない。環境と開発の間には動かすことのできない密接な関係がある。」（環境と開発に関する世界委員会、1987年）と捉えている。一方、開発概念の解釈については、「開発という用語はここでは、最も広い意味で用いられている。この用語は、第三世界の経済・社会変化の過程に言及するときに用いられる。しかし、環境と開発の統合は豊かな国も貧しい国も等しく、すべての国で必要とされている。」（前掲）と解説する。そして、「世界の貧しい人々にとって不可欠な『必要物』」と「技術・社会的組織によって規定される、現在及び将来世代の欲求を満たせるだけの環境の能力の限界」（前掲）についての概念が、

持続可能な開発（将来世代の欲求を充たしつつ、現在の世代の欲求も満足させるような開発）を構成する鍵概念だと論じる。

　ブルントラント報告が明らかにした環境と開発をセットにした新たな枠組み「持続可能な開発」は、決裂していた南北の対話を再開することに成功した。国家元首が120名以上集う「環境と開発に関する国連会議」（地球サミット、1992年）が20年振りに開催され、さらにその10年後には、「持続可能な開発に関する世界首脳会議」（ヨハネスブルク・サミット、2002年）の開催が実現した。会合を重ねることで、持続可能な開発に各論が備わり、概念がより具体性を帯びるようになっていった。特に1992年の地球サミットで採択されたアジェンダ行動計画21では、国際社会が今後取り組むべき課題とその手順が明確に打ち出された。

　ただ、各論をめぐっては、ストックホルム会議を想起させる対立が進行している。この30年間で、発展途上国の中から中堅国が誕生するなど経済状況のばらつきが、より一層複雑な国家間の利害対立を招いている。また、1992年の会議から、国際交渉の席に非政府組織（NGO）の参加が正式に認められたことで、国家に加え「市民社会」の動向が、持続可能な開発の行方に大きな影響力を持ち始めている。

　「持続可能な開発」の概念は、その出自からまず何よりも利害関係者に広く受け入れられる必要があった。そのためこの概念は、極めて「あいまい」であり、その後も「進化しつづける」余地を残すことになった（IUCN、2003年）。多様な主体によって多様な解釈が可能な概念ではあるが、近年「決定的に重要な課題は、天然資源に合法的にアクセスし、管理・利用できるのは誰か、という問題を中心に展開」し、「持続可能な開発の概念が、異なる社会経済開発モデルと密接に関係している」（UNESCO、2004年）点が指摘されるようになっている。

　ESDもこのような国際交渉の場から誕生している。そして、アジェンダ21第36章「教育、意識啓発及び訓練の推進」が、持続可能な開発を教育の側面から論じた内容となっている。この章の遂行の責任を命ぜられたユネスコは、

1995年にIEEPを終了することを決定しており（第1節の（3）参照）、この決断が、国際環境教育構想からESD構想への転換を決定的にしたといえる。では、この構想間の移行は、どのようになされたのだろうか。環境教育とESDの差を論ずる出発点となるため、持続可能な開発概念の登場が、国際環境教育構想にどのような反響をもたらしたのかを検討してみたい。

（2）持続可能な開発と国際環境教育構想

　ブルントラント報告書が発表された1987年は、ちょうどトビリシ会議から10年を振り返る国際環境教育・訓練会議（モスクワ会議）と重なった。その時開催されたシンポジウム2では、早々に、持続可能な開発に向けて環境教育と訓練はどうあるべきかをテーマにしている。また、環境教育のねらいが、これまで「どちらかといえば、環境問題の解決・予防・環境の保護・向上に力点をおいていた」のに対し、モスクワ会議の成果文書「国際活動方略」の中では、「環境と調和を保った人類の発展・開発を実現する主体者の育成という面を強調」しており、世界自然保全戦略（第2節の（1）参照）の視点が反映されているという指摘もある（市川智史、1989年）。ただし、この段階ではむしろ、「持続可能な開発を実現するための長期的な環境戦略」に世界の関心が劇的に高まったことを歓迎しており、すでにそのための努力を何十年もプログラムとして遂行してきたことが強調されている（CONNECT、1987年〜1988年）。

　地球サミットが開催された1992年に入ると、持続可能な開発を真正面から取り上げ、この概念のあいまいさやそこに内在する問題を早々に見抜いていることがわかる。そして、持続可能な開発の概念のより正確な合意がはかれるよう、次のようにDevelopment（開発）の分析を行い、無制限の経済成長論をけん制している。ニュアンスを日本語で表現するには限界があるが、「Growth（成長・発達）は、子どもが大人になるとある段階になれば止まる。だが、その人が望むdevelopment（開発・発展）は生涯にわたる。そのことを社会の文脈に置き換えると、社会のdevelopment（開発・発展）は、全て

第7章　持続可能な開発のための教育構想と環境教育

の人の生活の質の獲得を意味する。この場合生活の質とは、健康、長寿、雇用、教育、自由、安全、文化、基本的人権の尊重、美的側面と定義される。」（CONNECT、1992年）と解説している。

さらに、**図7-4**を紹介しながら、「経済成長（すべての国にとって必要とはいえない）によって人々の生活の質を高め、さらに自然と人工的な自然を含む環境を犠牲にしない、というジレンマに苦しむ意志決定者にとって、いかに困難であろうとも答えは『持続可能な開発』しかない」と述べ、社会的（social）、経済的（economic）、社会的（environmental）目標（Goals）を統合したものが持続可能な開発だ、という紹介をしている。

次に大きな転機が見られるのは、トビリシ会議から20年を迎えて開催された「環境と社会持続可能性のための教育と意識啓発」と題する国際会議（テサロニキ会議、1997年）であった。10年前のモスクワ会議とは打って変わりこの会議では、持続可能な開発はもはや環境教育を無条件に賛美するための概念ではなく、むしろその蓄積を批判的に検証するための概念に変わってい

図7-4　統一的概念の図式モデル

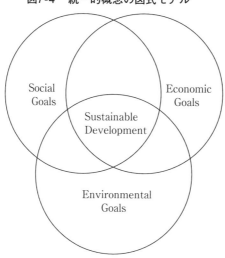

〈出典：UNESCO-UNEP（1992）：'CONNECT', Vol. XVII, No.3, September, Jacobs and Sadler〉

る。アジェンダ21第36章の行動計画の発展を目指したこの会議において、これまでの環境教育は、持続可能性(持続可能な開発)を達成する上で本当に十分だったのか、を問う鋭い視点が多数提起されている。従来の環境教育に質的な転換を求める視点として次のような指摘がある(以下UNESCO and Government of Greece 1998年から要約)。

これまでの環境教育は、個人の生活スタイルの変化や環境への責任ある態度ばかりが強調されてきており、これからは「環境問題が、社会と私たちの暮らし方に構造的に打ち込まれていること」をもっと認識しなければならない。個人の暮らしだけでなく、人間と人間以外の間の社会的状況の転換が必要であり、それを解決するためのプロセスの多くは、政治的プロセスによってなされ、そのことを生徒は学ぶ必要がある(John Fien)。

持続可能な開発は、今日の地上の問題を解決するイデオロギーであり、教育はその基本的手段である。基本的要素は、すでにベオグラードにおける環境教育の中にあった。環境教育はすでに根本的な変化のための枠組みとその方法をもっており、行動的で批判的な市民のための教育だっ

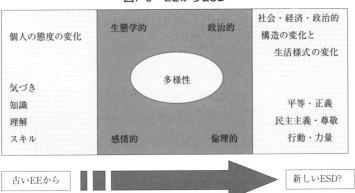

図7-5　EEからESD

出典：IUCN（2000）：'ESDebate International debate on education for sustainable development' Editors: Frits Hesselink, Peter Paul van Kempen, Arjen Wals, p.14

第7章 持続可能な開発のための教育構想と環境教育

た。しかし、実践においては、革新というよりは、従順で周辺化する傾向にあった（Eugenia Flogaiti）。

前者の主張は、第1節の（1）で紹介したESD討論の研究報告書の中でも、**図7-5**に示すとおり、環境教育の主な関心が、「個人の態度の変化」から「社会・経済・政治的構造の変化と生活様式の変化」へ移行しつつあることを指摘している。一方、後者の主張は、理念や理論と実践の間の乖離が進んでいることを指摘するもので、環境教育とESDの起源を同じストックホルム会議にみる筆者と同じ考えに立った指摘である。持続可能な開発に必要な基本要素をもって環境教育が出発したにもかかわらず、20年の間に実践が変質してきたことを捉えており、「変化のための教育は、解決というよりむしろ問題の一部であるほうが大きい」（前掲）とも述べている。

以上ざっと追ってみても、持続可能な開発概念の登場が、国際環境教育構想にその影響を強く与えていることがわかる。特に90年代後半になると、これまでの環境教育を反省し、改めて持続可能な開発の中に位置づけ直す議論を呼び起こしている。このことは、環境教育に新たな革新をもたらすだけでなく、環境教育の蓄積の上にESD構想が組み立てられていることを示唆している。IEEPの終了にもかかわらずユネスコがテサロニキ会議を召集したことがそのことを象徴するといえよう。

3　ESD構想の特徴

（1）ESDの出発地点

持続可能な開発に応える教育は、ESDのほか、持続可能性のための教育や持続可能な未来のための教育といった別の名称で呼ばれることがある。ただし、呼称の違いはあるにしろ、持続可能な開発に応じる教育としてまとまって書かれ、しかも国際社会に広く合意を得た文書は、1992年に発表されたアジェンダ21第36章「教育、意識啓発及び訓練の推進」であることは間違いない。したがって、ESDを論ずる際にもここを出発点とせねばなるまい。

151

ここでまず注目したいことは、本章の行動計画が、環境教育に関するトビリシ宣言と勧告を基本的な原則としていることをその冒頭において明記している点だ（36章１）。このことは、ESDの出発地点が、国際環境教育構想のそれと同じくし、IEEPが最初に成した仕事を基盤にしていることを意味する。ESDが環境教育の蓄積の上に出発していることに説得力を与える一文である。

　提言内容には、４つの要点がある。第一が一般大衆の意識と理解を高めること、第二がすべての人が質の高い教育が受けられること、第三が既存の教育の方向を転換する（再方向づける）こと、第四が「訓練」である。第36章の執筆者であるチャールズ・ホプキンズの講演（2005年）に基づいてそれぞれの趣旨を解説してみたい。

　第一は、一般大衆が持続可能な開発の必要性を理解し、民主的な変化をもたらすことの大切さが背景にある。国家は、国民の後に続くのであって、国家が進んで国民を持続可能な開発に導くことはない、という考えが前提にある。第二は、主に発展途上国の問題が前提になっている。今日１億1,500万人の子どもが学校に全く通っていない。さらに１億5,000万人の子どもが学校を中退し、読み書きや簡単な計算ができない（非識字）でいる。さらに、８億6,000万人の成人が同様に非識字者である（UNESCO、2002年）。この状況ではいかなる開発もありえない。現状にみられるように、どこかの国のために部品を組み立てる状況から抜け出せないことが強調されている。第三は、先進工業国の問題が中心となっている。現在「最も教育の進んでいる国が、１人あたりの消費率が最も高く、今日最も深刻なエコロジカル・フットプリント（人間活動の影響を土地の踏みつけ面積によって算出する指標）を残している」（IUCN、2003年）現実がある。つまり、より多くの教育が、そのまま１人当たりのエネルギー消費量や廃棄物の排出量の減少につながるわけではない。むしろ地球を破滅に導いている。先進工業国の教育が今後どこに向かうのかが最も深刻な問題であり、価値観、展望、原則、知識、技能のすべてを含めて再考しなければならない。また、制度としてどのようなモデルを選択するかの問題にもなってくる。第四は、技術者、行政職員、学者、政

第7章　持続可能な開発のための教育構想と環境教育

治家、企業家から個人に至るまでが対象となる。技術の転換から制度の変更、個人の能力開発が求められている。そして最後に重要なことは、第一から第四のすべてにおいて、地域に根ざし、文化に適切であることだ。地域がどのような知識、価値観、技能を身につける必要があるのか。それらを考えていかなければならないとしている。

（2）枠組みづくりの1つの試み

アジェンダ21第36章が提供したESDの輪郭は、ホプキンズ自身によってその後深められている。**表7-1**は、第36章の提言内容を基本としながら、アジェンダ21に盛り込まれなかった内容（**表7-1**（5）（6））を新たに加え、ESDの骨格を示したものだ。ここからさらにESDを理解し、実践に移せるようにと、ESDを「持続可能性の概念や問題を中心に、指導原則、知識、技能、展望、価値観のうち、既にあるものと、これから特定すべきものを組み合わせて構成するもの」とまず定めている（IUCN、2003年）。

表7-2は、その定義に基づき、既存の教育をESDとして再方向づけるための原則を示す。この表が示す原則には、前提にしている2つの考え方がある。1つは、持続可能な開発の構成要素が、「環境」「経済」「社会」の3つの領

表7-1　ESDの枠組み

ESDの形態	フォーマル教育（学校教育）、ノンフォーマル教育（社会教育）、インフォーマル教育（メディア等）
ESDの対象	全ての世代　全ての人の生涯を通して
ESDの主要な目的	（1）「基礎教育」の改善 （2）持続可能な開発にむけた教育の再方向づけ （3）民衆の理解、意識啓発、訓練
ESDが扱うべき課題	（1）社会と経済的側面 （2）資源の保全と管理 （3）主要グループの役割強化 （4）実施手段　　　　【アジェンダ21の構成内容】
	（5）地球サミットで合意に至らなかった問題 （戦争と軍国主義、核軍縮、多国籍企業、再生エネルギー資源等） （6）地球サミットで合意に至った条約・協定 　　　（生物多様性条約、気候変動に関する枠組み条約等）

Charles Hopkins and Rosalyn Mckeown『持続可能な開発のための教育：国際的な視点から』IUCN
（2003）小栗有子、降旗信一監訳『教育と持続可能性　グローバルな挑戦に応えて』レスティーに基づいて小栗作成。

153

表7-2 教育を方向づけ直すためのESD原則

知識	持続可能な開発は、環境、経済、社会の間との相互作用を包含する。したがって、それぞれ「自然科学」「社会科学」「人文科学」を基礎にした知識が、持続可能な開発概念を理解し、遂行するために必要である。
技能	学校卒業後も学び続け、持続可能な暮らしのための生活手段を保障する実践的な技能を提供するものでなければならない。これらの技能は、地域社会の状況に応じて異なるものである。
価値観 展望	ESDは、世界観、価値観、展望、大志を提示しなければならない。現在は、ある価値観や展望が教育制度の中で必要以上に教えられており、それ以外のものは、私達の周りを取り巻く文化の中から学んでいる状況がある。
基礎とすべき問題	再方向づけと共に、持続可能性を脅かす主要な問題を提起しなければならない。ただし、知識、技能、展望、価値観のすべての問題を扱わなくともよい。地域に関連するいくつかの問題を環境、経済、社会の3つの領域から選択すべきである。
接近方法	伝統的な学問の枠を超えて、分野を横断する学際的な方法で取り組まなければならない。

（Charles Hopkins and Rosalyn Mckeown『持続可能な開発のための教育：国際的な視点から』IUCN
（2003）小栗有子、降旗信一監訳『教育と持続可能性　グローバルな挑戦に応えて』レスティーに
基づき小栗作成）

域によって成り立っており、いずれもはずすことができないと考えている点
である。もう1つは、持続可能な開発の探求が、地域社会によってなされる
べきで、考えの基本に地域の視点をおいている点だ。だからこそ、「環境」「経
済」「社会」の複雑な相互関係を地域社会の中で捉えるための「知識」と、
その中で持続可能に生きるための「技能」、そして、目指す方向性を与える「価
値観」と「展望」の習得に力点がおかれる。そして、それぞれの内容につい
ては、地域に根ざし、その文化に適切なものとするために各々の地域の中で
特定していくべきものとしている。

　これらの考え方は、教育への接近方法にも影響を与えている。学際的な教
授方法と学びの過程は、国際環境教育構想の中でも「環境を総体」として捉
えるために研究が重ねられてきたが（第1節の（2））、ESDでは、その扱う
べき対象がさらに広がっている。「環境」「経済」「社会」は広域だけでなく、
常に変化する複雑な関係を構成しており、既存のある学問体系のみからでは
その対象全体を捉えきることはできない。そこで、学問分野の横断にとどま
らず、既存の学問の枠にとらわれない接近方法が必要となってくる。既存の
学問を発展させながら、学問間の壁を超えていく方法をESDは求めている。

第7章 持続可能な開発のための教育構想と環境教育

（3）価値観と社会変革

　ESD構想は、価値観に格別な関心が向けられている。ESDの性格を最も顕著に伝える要素である。価値観については、すでに国際環境教育構想の中で「環境的価値観の教育」として、その理論と実践に一定の蓄積をもつ分野である。そこでは、「価値観とは、しばしばそのあとに続く態度の前身をあらわす」（CONNECT、1986年）ものであり、価値観は、各々の人格に帰属するものであると同時に、その形成については、元来社会化の過程であるとみなされる。とりわけ、その時代の社会的、経済的、政治的権力層の影響を多大に受けるという。このような価値観の性質や決定要因を踏まえ環境教育では、地球環境に対する賢明な管理を前提とした環境に対する肯定的な態度と価値観をいかに育成するかに焦点が置かれた。

　ところが、ESDの場合は、個人の態度と価値観の育成にではなく持続可能な開発を展望する世界観と持続可能な開発を導く価値観・原則に焦点が当てられている。そこには、人々の態度や行動の変化を促すだけでなく、社会を変革していく狙いがある。この問題についてまとまった論考を発表しているジョン・フィエンらの議論を中心に確認しておきたい（IUCN、2003年）。

　持続可能な開発概念が、多様な解釈を生んでいる点は第2節の（1）でも触れたが、その多様な

図7-6　対立する二つのグループ

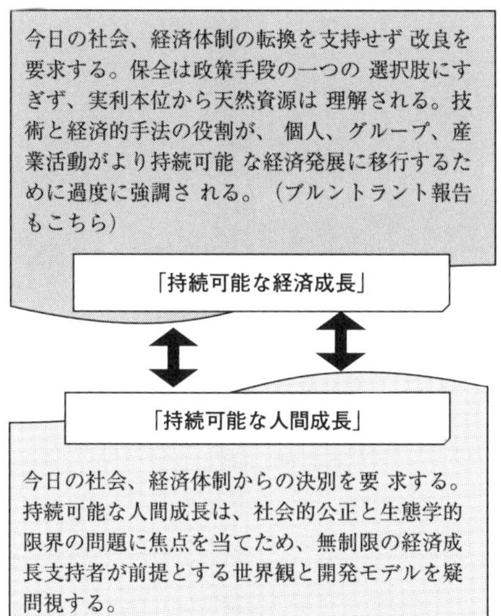

今日の社会、経済体制の転換を支持せず改良を要求する。保全は政策手段の一つの選択肢にすぎず、実利本位から天然資源は理解される。技術と経済的手法の役割が、個人、グループ、産業活動がより持続可能な経済発展に移行するために過度に強調される。（ブルントラント報告もこちら）

「持続可能な経済成長」

⇕

「持続可能な人間成長」

今日の社会、経済体制からの決別を要求する。持続可能な人間成長は、社会的公正と生態学的限界の問題に焦点を当てため、無制限の経済成長支持者が前提とする世界観と開発モデルを疑問視する。

（John Fien and Daniella Tilbury『持続可能性に向けたグローバルな挑戦』IUCN（2003）小栗有子、降旗信一監訳『教育と持続可能性 グローバルな挑戦に応えて』レスティーに基づき小栗作成）

解釈が、大まかに**図7-6**に示すように「持続可能な経済成長」を優先するグループと「持続可能な人間成長」を優先するグループの２つに分類できることにまず注意を払う。この両者の主な違いは、将来の成長や経済活動の規模、トップダウンと草の根の活動のバランス、技術の種類、地域社会とより大きな政治的経済的構造との関係など、目指す将来展望に表れてくる。そして、この両者の対立を超えさせてくれるものこそが、持続可能な開発であると断定する。そのようにいわしめるには、３つの前提がある。１つは、持続可能な開発を「結果」（静態）としてではなく、ジグザグの道を歩む「過程」（動態）として捉えていることだ。もう２つは、２つのグループの対立を超越できる価値観と原則によって導かれることだ。そして、最も重要な点として、それを成せる業が民主的な教育なのだと認識している３点に要約できる。

　ここにおいては、価値観は個人の態度を変えるためにではなく、持続可能な開発について社会の中で広く合意を図り、実践していくためのものとして扱われている。その価値観とは、「持続可能性のための新しい倫理」（前掲p.19）とも「持続可能性の概念を支える価値観や展望」（前掲p.33）とも呼ばれるものだ。基本は、人と自然（自然へのいたわり）、人と人（お互いへのいたわり）の関係についてその原則を定めている点にある。内容としては、生物多様性や種間の公正、世代間公正、基本的人権など、これまで人類が獲得してきた共通の目標や理念である。そして、ここでむしろ重要なことは、これらの価値観が、地域において発展されなければならないと主張している点にある。しかも、これらの価値観や展望について、ことあるごとに検討を加え、必要があれば変更を加えなければならないと強調する。

　ESDの中で扱われる価値観は、単に一方的に伝達されるものではなく、地域の中で地域の人々によって創造されていくものとして捉えられている。共有する理念を実践していく視点がそこにあるだけでなく、学びを通して人々も社会も変わっていく姿が描かれている。持続可能な開発を創っていく過程の教育実践にこそESDを見出そうとする姿勢が伺える。

　ここで取り上げたESD構想の特徴は、いずれもが、態度を変える手段とし

156

て教育を捉えるのではなく、持続可能な暮らしに向けて自らの道筋を決定できる能力を育成していくことに狙いを定めている点にある。また、ここに紹介した論者は、環境教育をバックグラウンドにしており、環境教育の経験と反省が生かされている点も特徴だといえる。

4　ESD構想とこれからの環境教育

（1）ESDの10年とUNESCO国際実施計画

　ESD構想に向けた取組は、記述のとおりすでに始まっている。だが、ESD構想への足取りは、第36章が「忘れ去られたリオ（地球サミット）の優先課題」として1996年に国連事務総長報告が提出されていることが象徴するように、決して世界の主流ではなかった。その流れを大きく変えたのは、ヨハネスブルク・サミット（2002年）であった。サミットの国際実施計画書の中に「2005年から始まる『持続可能な開発のための教育の10年』の採択の検討を国連総会に勧告する。」（パラグラフ124）の文言が挿入されたことで、ESDという言葉は、再び国際社会の中で脚光を浴びることになった。

　第57回国連総会（2002年冬）において「持続可能な開発のための教育の10年」に関する決議案が満場一致で採択されたことで、誰もが理解できるESDの理論と戦略を早急に提示する必要性が生じた。その職務を委任されたユネスコは、2003年7月にESDの10年に関する「国際実施計画」の草案を策定、1年以上かけてパブリックコメントも含め検討を重ねた。その最終案が今現在の到達点（2005年1月現在）であり、第59回国連総会（2004年冬）に提出されている。

　この最終案によると、「ESDの展望は、世界の全ての人が、質の高い教育と、持続可能な未来と肯定的な社会変革のために必要な価値観、態度、生活様式について学習する機会を享受できること」にあり、ESDの10年の目標は、この展望を追求することだと明記する（UNESCO、2004年）。そして、10年後に期待する成果は、「その完了時において、何千もの地域社会と何百万もの

個人の暮らしが、新しい態度と価値観に導かれた決断と活動によって、持続可能な開発がより理想に近づいていることを目指す。」（前掲）とする。

　この目標を達成するために①「政策提言とビジョンの形成」、②「協議と当事者意識」、③「パートナーシップ（対等な相互関係）とネットワーク」、④「能力開発と訓練」、⑤「研究と革新」、⑥「情報とコミュニケーション技術の活用」、⑦「モニタリング（継続的監視）と評価」の７つを戦略に挙げる。

　このうち⑤「研究と革新」の内容をみると、研究領域として、「10年を評価する指標のための基礎研究」、「ESDの具体的な性質と方法の探究」、「ESDと他の学びとの概念的実践的つながり」、「ESDが個人、地域社会、国の政策と制度に与える影響の長期的研究」、「制度の組み立て、ESDを管理するためのパートナーシップの様式とアプローチ」の５つを挙げている。

　以上５点のいずれもが、10年の中で取り組むべき研究課題であるが、その中で２番目に「ESDの具体的な性質と方法の探究」が挙げられている点に注目したい。国際実施計画は、持続可能な開発がどのようなもので、それに向けてどのような学びを誰がどこでどのように展開すべきか、詳細に記載している。しかし、具体的なESD実践をどう進めていくのか、その内容にまでは言及していない。実施計画では、その仕事を10年計画の中に押し込めたかたちになっている。あるいは、ユネスコが描くESDの10年構想は壮大であり、実践をどう進めるかは、むしろ私たち一人ひとりに投げかけられている問題だともいえる。

　その壮大な構想を順追って確認する。

　「どのような学びか」については、①学際性とホリスティック、②価値観を導く、③批判的思考と問題解決、④多様な方法、⑤意思決定への参加、⑥地域に適切であること、とする。

　「誰が」については、全ての人としながらも、機能と責任の分類によって、政府と国際機関、市民社会と非政府組織、企業の中の個人とする。

　「どこで」については、全ての人の生涯の学びである。具体的な場所として、ノンフォーマル教育、地域に根ざした組織と地域社会、職場、公教育、技術

第7章　持続可能な開発のための教育構想と環境教育

と職業訓練機関、教員養成機関、高等教育機関、教育助言者と監査人、行政と議会、教育以外の場面、が挙げられている。

「どのように」については、すべての人々を巻き込むことだ。人々の参加と協力を獲得するためには、本人が当事者意識を持たねばならない。そのためには、人々が自らのビジョンを形成し、政策づくりと活動計画に関する協議に参加できるようしなければならない。

ユネスコの発表した国際実施計画書は、ESDの10年を運動として推進するための枠組みを提供するものである。だが、その中にも第3節でみたESD構想の特徴が随所に反映されていることが確認できる。例えば、持続可能な開発を、文化を基礎にした「環境」「経済」「社会」として捉える見方や地域を基盤にする視点、価値観の扱いにESDの本質を見ようとする姿勢のほか、学び方にも表れているといってよいだろう。そして、これが現在のグローバルな言説にみるESD構想の到達点だといえる。

（2）ESD構想の中の環境教育

最後に触れておかねばならないことは、環境教育とESDの関係である。ここまで検証してきたことは、環境教育とESDはその起源を同じにしながら、環境教育のほうが20年も先に理論と実践を積み上げ、その蓄積がESDに流れ込んだという整理であった。グローバルな言説という限界はあるものの、一定の材料は提供できたのではないかと思う。そこで次に問題となるのが、今後の環境教育はどうあるべきか、ということだ。環境教育はESDに置き換えられてしまうのか、それとも環境教育としての独自の役割があるのかという問いだ。結論からいえば、筆者は、独自性をもたねばならないと考えている。

その論拠として、まず持続可能な開発が、文化に支えられた「環境」「経済」「社会」の3つの領域より構成されることを思い出してほしい。そして、この3つの領域をそれぞれ支える教育が何かを考えた場合、既存の学問体系に拠らない現代的課題の解決を目指す「○○教育」の中では、「環境」を扱うのは環境教育だけであることに気づく。ほかの人権教育、識字教育、ジェン

159

ダー教育、国際理解教育、開発教育などさまざまあるが、いずれも「社会」や「経済」に主軸をおいたものだ。

　本章で取り上げた3つの国連会議で焦点となったテーマに絞って見てみると、環境危機（ストックホルム会議、1972年）、環境と開発（主に経済）（地球サミット、1992年）、持続可能な開発（環境と経済と社会）（ヨハネスブルク・サミット、2002年）とテーマが拡張してきていることがわかる。だが、見方を変えると、環境の位置づけが相対的に低くなっているともいえる。また実際、経済や社会の問題が取り上げられ出すと、問題がどんどん拡散するばかりでなく、環境の問題が後回しになっていく。ヨハネスブルク・サミットで経済と社会の問題に押され、環境の問題が隅に追いやられたことは記憶に新しい。そこで、ここで想起しておきたいことは、IEEPが明らかにした「環境教育の基礎概念」だ。その中で最初に取り上げられた概念が「存在のレベル（levels of being）」であった（CONNECT、1990年）。この概念は、人間が作り出したもの、それが社会経済制度であれ、技術や文化であれ、そのすべてが、物理学的法則（エントロピーや熱力学など）や生物学的法則（生化学変化や遺伝など）の下位に位置することを伝えるものだった。この他にも循環、複雑系、人口と環境容量の関係など、地球環境の持続可能性を考える上で不可欠な概念が提示されている。同時に社会的持続可能性の鍵概念が含まれていたことは記憶にとどめておきたい。

　持続可能な開発の実現には、人々の態度や行動の中だけでなく、社会経済制度の中にこのような基礎概念が組み込まれなければならない。そのことを提起できるのは、環境教育であり、環境教育しか担えない責務ではないだろうか。もちろんこのような概念は、既存の学問体系の中でも扱われる内容である。だが、これらの概念が実践的意味をもつためには、地域の開発計画や経済的な営みなど現実社会と結びつく必要がある。現実社会と結びつくためには、総合的であらねばならない。これを成し得るのは、やはり「環境の総体」を捉えるために経験を積んできた環境教育実践ではなかろうか。

　ここで取り上げたことは、ESD構想における環境教育の役割を考えるほん

第7章　持続可能な開発のための教育構想と環境教育

の取り掛かりでしかない。国際実施計画の⑤「研究と革新」の中に「ESDと他の学びとの概念的実践的つながり」が含まれているが、ESDと環境教育の概念的実践的つながりを今後もっと考えていかねばならないだろう。今回事例を扱えなかったが、霞ヶ浦アサザプロジェクトのように、地域の将来ビジョンの中に大自然の再生を描き、生態系を基本に据えた地域の社会経済制度の組み換えは、すでに始まっている（鷲谷いづみ・飯島博、2003年）。ESDの登場は、これまでの環境教育を批判的に見直す機会を与えているのではないだろうか。まずは自分たちの実践を振り返ることから始めたい。

5　ESD実践の深化に必要なこと

ESD構想が実践段階に移行して10年が経過した。ユネスコは、ポストESDの10年を見据えて2013年の総会で「ESDに関するグローバル・アクション・プラン（GAP）」を早々に採択している。翌年の国連総会では、ユネスコが引き続きESDをフォローアップしていくことの確認がなされ、同年11月に開催された「あいち・名古屋宣言」にてGAPの開始が宣言された。これらの動きを受けて国内でも、2016年３月にESDに関するグローバル・アクション・プログラム実施計画が、持続可能な開発のための教育に関する省庁連絡会議において決定されている。GAPの五つの優先行動分野である①政策的支援（ESDに対する政策支援）、②機関包括型アプローチ（ESDへの包括的取組）、③教育者（ESDを実践する教育者の育成）、④ユース（ESDへの若者の参加の支援）、⑤地域コミュニティ（ESDを通じた持続可能な地域づくりの参加促進）について、政府による支援方策が謳われている。財源を確保しつつ、ESDを継続して推進することに余念がないと見受ける。では、この10年、何が達成されて、これからさらにどこへ向かおうとしているのだろうか。

この10年を日本の中から眺め直すと、国連機関や政府の打ち出す方針や施策がずいぶんと目立った。ただそのなかにあって、国連ESDの10年の運動を初めに手掛けたヨハネスブル・サミット提言フォーラムに代わって、2003年

161

６月に設立された「持続可能な開発のための教育の10年」推進会議（草の根ネットワーク組織、以下ESD-J）の活躍は特筆に値する。その一つとして、日本のESD実践の枠組みを決定した「わが国における「国連持続可能な開発のための教育の10年」実施計画」（2004年）の作成への関与や、環境省を中心とする関係省庁横断型の連絡会議の設置のための働きかけなどがある。また、現場レベルでは、それまで主に環境教育と開発教育分野に限られていたESD実践の担い手について、人権、平和、ジェンダーなど他の課題に取り組む関係者に門戸を努めて開いてきた。

　ESD-Jの活動は、地域に根ざすことをESDの実践に求め、環境と開発にまつわる複雑多岐な現代的課題に対して、一人ひとりの社会参画を促し、異分野や異業種、多様な世代や価値観を有する人々の協働を可能とする学びを推進してきた。このほかにも政策誘導により、高等教育機関やユネスコスクールなど公教育分野における実践の展開が確認されるが、ESD-Jが推奨してきた従来の「教え−教えられ」の関係ではない学び方や、予め答えのない問題を協力して探究する姿勢など学習方法の革新が、日本のESD実践の一つの特徴として捉えることができるだろう。

　ただし、方法に比べて学習の内容がどれほど革新を遂げたのかという点では心もとない。思い返せば、持続可能な開発概念の誕生の根底には「南北の対立」があった。一方、ESDの本質は、「空っぽの記号（empty signifier）」にあるという指摘もある。要するに、ESDには、環境保護、経済成長、社会正義といった論争的な要求の違いを同価し、異なる意味や立場を包摂する特性を有するというのだ。このことは、ESD-Jがいみじくもけん引してきた多様な分野や価値観を有する者が協働することを可能にしたことを皮肉にも裏付ける。いや、むしろそのことが実践に新たな価値を生み、革新を促してきたとみなすこともできる。このことは10年の大きな成果ではあるが、同じことをこの先10年繰り返すのでは、実践のさらなる深化は期待できない。

　今後より深い次元での変容をESDに期待するならば、協働する者同士、もしくは、協働する個人の内に沈殿する矛盾や対立を顕在化させることが必要

第7章　持続可能な開発のための教育構想と環境教育

となるだろう。そのうえで、矛盾や対立を超えて協働できるより高次で普遍的な共通課題を当事者間で見出していくことのできる実践が必要だ。過去を振り返れば、日本の戦後地域教育運動には、公害教育に象徴されるように学習者の生活現実を共同学習によって深く省察し、個人と社会の間にある矛盾の連鎖を読み解き、新たな思想を形成していく学習実践の積み重ねがあった（佐藤一子編、2015年）。ESDの意義は、ともすれば持続可能な開発が射程に置く問題群と人々をいかに結びつけ、我がこととして課題に向き合えるかに置かれてきた。だが、そこでは、そのことと一人ひとりが日常の暮らしで抱える悩みや感じる幸せとどうつながっているのかは不問であった。ここをどう切り結ぶかはこれからの課題だろう。また、ESDにおける環境教育の固有性を考慮するならば、私たちの外にある環境にばかりに目を向けるのではなく、私たちの内なる自然（物質〔身体〕・心・時）に耳を傾け、内なる自然破壊の進行を主題化できる実践の展開が待たれる（中村桂子、2002年）。

第8章　水の惑星に生きる環境教育
―湿地教育論―

石山　雄貴・田開　寛太郎・坂本　明日香

1　広範な水環境を捉える「湿地教育」

　湿地は豊富な水資源や生物資源を昔から多くの人びとに提供し、湿地にひきつけられ、集まってきた人びとにより湿地をめぐる様々な利用法が編み出され、継承してきた。例えば、新潟県の左潟では、伝統的に「潟普請」と呼ばれる水路の整備、湖内の水草の刈り取り、湖底に堆積した土砂の除去などの潟の清掃を地元住民総出で行われてきた。また、中池見湿地では、「江掘り」と呼ばれる浚渫作業や伝統的な農業形態による水田耕作が続けられてきた。さらに、肥前鹿島干潟では、干潟に生息するムツゴロウやワラスボを取るための専門の漁具を用いた「むつかけ漁」「スボカキ漁」「タカッポ漁」など伝統的な漁業が行われ、干潟の産物は「前海もん」と呼ばれ、地元の人に親しまれている（日本のラムサール条約湿地、2015年）。このように、湿地ごとにその地域特有の利活用が行われ、それをめぐる社会が構築されている。そのため、湿地保全には文化や利活用といった湿地と人の関係性を、生物多様性の確保といった自然保護の視点に加え考慮する必要がある。

　ラムサール条約では、湿地を「天然のものであるか人工のものであるか、永続的なものであるか一時的なものであるかを問わず、更には水が滞っているか流れているか、淡水であるか汽水であるか鹹水（塩水）であるかを問わず、沼沢地、湿原、泥炭地又は水域をいい、低潮（干潮）時における水深が6mを超えない海域を含む。」と定義している。それは、一般的に、人間の立ち入りや利活用を厳しく制限することで「保全するべきもの」として捉えられる自然環境だけではなく、里山のように人間が手を加えながら利用し、

165

図8-1　日本のラムサール登録湿地（2016.現在）

環境省HPより

積極的に管理する事で「環境を維持していくもの」として捉えられる自然環境や、水再生センター等の人工的環境も湿地として含まれている。つまり、このラムサール条約の定義に即して湿地を考えるならば、湿地は地球に存在する非常に広範な水環境を捉えるものであると考えられる。したがって、湿地の総体を考える場合、自然保護の視点、湿地の利活用を含めた湿地をめぐる社会や文化、経済の視点などの包括的な視点が必要になる。

　一方、テサロニキ宣言で、環境教育が「環境と持続可能性のための教育」と表現しても構わないとされ、環境教育が「持続可能性のための教育」として再定位されているように、環境教育は広範で構造的な環境問題へ総体的に

取り組むことが求められている。そのため、広範で総体的な水環境を捉える「湿地」に着目し、その湿地が持つ生物多様性の広がりや湿地の利活用をめぐる文化の多様性、湿地保全のための科学的知見を学んでいく「湿地教育」が環境教育には求められる。そこで、本章では、生態系の多様性だけではなく、特有の文化を持つ湿地を舞台とした環境教育・ESDのあり方を論じ、「湿地教育」の意義と可能性を考えていきたい。

上記の目的のために、まず湿地保全を考える上で重要な「ワイズユース」「CEPA」概念の動向に着目する。次に、湿地保全の実践とそれを支える教育のあり方について兵庫県豊岡市、北海道釧路市、鹿児島県出水市での実践から述べていく。最後に、湿地保全の現状の課題から「湿地教育」が今後必要とされる視点について述べていく。

2 ラムサール条約の動向と環境教育

（1）ラムサール条約締結国会議の主な動向

1971年２月にイランのラムサール市において「とくに水鳥の生息地として国際的に重要な湿地に関する条約」（以下、ラムサール条約）が採択され、1980年以降定期的に締結国会議（COP）が行われている。

ラムサール条約は、水鳥の生息地として重要な湿地を各国が連携し保全していくことや、そのために湿地における生態系の保全をしていくことを当初の主な目的としていたが、COP4で採択されたモントール基準（勧告4.2）で水鳥保護に限らない湿地の重要性が強調され、水鳥保護を目的とした条約から湿地全般の保全を目的とした条約に転換した（菊池英弘、2013年）。1999年のCOP7では、国際的に重要な湿地のリストを拡充するためのガイドラインを採択し、ラムサール条約登録湿地を2005年までに2,000箇所以上に増やす事を目標とすると決議をしている（決議7.11）。日本は、ラムサール条約に1980年に加入し、現在50か所、148,002haの湿地がラムサール条約登録湿地として指定されている。

（2）「CEPA」と「ワイズユース」の動向

　ラムサール条約では、湿地の保全、「ワイズユース」の推進、それらを支える「CEPA」（Communication, Education, Participation, Awareness）を3つの柱としている。1993年のCOP5における湿地保護区で湿地の価値の普及啓発を促進する方法（勧告5.8）が勧告され、COP6における教育と普及啓発（Education and Public Awareness）に関する決議（決議6.19）が採択された。その決議書では、持続可能な湿地管理に不可欠な手段である教育と普及啓発プログラムを各地の実施団体との連携によって発展していくために教育と普及啓発の協同プログラムが地方レベル、各国レベル、地域レベル、地球規模で組織していく必要性が述べられた。さらに、このプログラムにより、湿地の価値と利益についての知識と理解を深め、湿地資源の保全や持続可能な管理に向けての行動を発展させなければならないことも同時に確認している。このEPA（Education and Public Awareness）プログラムに関する議論はCOP6まで行われたが、COP7で採択された1999-2002年ラムサール条約普及啓発プログラム（決議7.9）以降から、従来のEPAに加え、科学及び生態学と人々の社会的、経済的現実とをつなぐ架け橋としての広報（Communication）を加えた「CEPA」が議論され始めた。さらに、COP8では、条約全体を通しすべてのレベルで湿地に関するCEPAプロセスの価値と有効性について支持を得ること、湿地に関するCEPAの活動を国及び地元で効果的に実施するための支援とツールを提供すること、湿地の賢明な利用を社会で主流化し、人々に行動する力を与えることを目標とした「広報教育普及啓発プログラム」（決議8.31）を採決した。このプログラムに関する決議では、CEPAの各キーワードについて、「理解促進と相互理解へと導く双方向の情報交換」としての広報（Communication）、人々が湿地保全を支援するよう、情報を提供し、動機を与え、権限を与える」プロセスとしての教育（Education）、「結果を変える力を持つ個人や主なグループに、湿地に関連する問題へと目を向けさせる」手段としての普及啓発（Public Awareness）

と定義された（決議8.31添付文書１）。その後COP10では、CEPAプログラムの中に、「Participation（参画）」が加わり、「Public Awareness」が「Awareness」に修正された（決議10.8）。さらに、COP12では、「Capacity building（能力形成）」が追加された。これらの定義や動向からCEPAプログラムに基づく活動は、社会の様々なグループの参加を促すプロセスであり、湿地保全の実践者や推進者から湿地保全に参加していない・無関心な地域住民への働きかけであると考えられる。その過程には、地域住民が湿地の状況や保全の必要性を学んでいくプロセスや、湿地保全の実践者や推進者がその実践を発展させていくために地域や湿地保全に参加していない・無関心な地域住民が置かれている状況を学び、そういった地域住民の参加を促す方法を学んでいくプロセスが不可欠である。そのため、ビジターセンター等で実施される自然についての情報提供や自然観察会といったCEPAに関わる教育（Education）だけではなく、広報（Communication）、能力形成（Capacity building）、参画（Participation）、普及啓発（Awareness）を推進していく過程での教育・学習活動を支えていくことが環境教育に求められると考えられる。

　「ワイズユース」は、1987年カナダで開かれたCOP3において「生態系の自然財産を維持し得る方法での、人類の利益のために湿地を持続的に利用すること」と定義され、湿地内の生態系を損なわないように維持することに重点を置き、湿地における様々な資源を賢く利用していくことが確認された（勧告3.3）。また、その「持続可能な利用」は、「将来の世代にとっての必要と希望に沿える潜在力を維持しながら、現在の世代にとっての最大の持続的利益を得られるような人間による利用」と定義され、「生態系の自然財産」は「それらの土壌、水、植物、動物、栄養分、そしてそれらの相互作用のような物理的、生物学的、科学的構成要素」と定義された。その後、COP4ではワイズユースを促進するガイドラインが作成され、COP5ではワイズユースの取組の総括が行われた。その総括では社会的経済的要因を中心的関心事とすること、地域住民や先住民に配慮すること、長期的湿地管理の専門的技術を持

っている公的・私的機関と協力すること、一般的制度的条件が必要な場合もあること、沿岸域、集水域も考慮すること、かつその影響が理解されない場合は、活動をしないこと、という6つの基本的結論が提案された（日本国際湿地保全連合、2008年）。

「ワイズユース」の定義がされたCOP3と同年1987年に、環境教育に関する動向として、「環境と開発に関する世界委員会」（ブルントランド委員会）が開催され、その最終報告書「われら共通の未来」がまとめられた。この報告書では、「将来世代のニーズを充たす能力を損なうことなく、現在の世代のニーズを満たすような開発」としての「持続可能性」概念を提示した。この概念は環境と開発を互いに反するものではなく共存しうるものとしてとらえ、地球資源制約のもとで、環境保全と開発の両立が重要であるという考えに立つものである（佐藤、2013年）。この「持続可能な開発」概念の提起や環境に関する国際会議の動向を受けて、COP9決議9.1付属書A「湿地の賢明な利用及び生態学的特徴の維持のための概念的な枠組み」において「ワイズユース」の定義を「持続可能な開発の考え方に立って、エコシステムアプローチの実施を通じて、その生態学的特徴の維持を達成する事である」（ラムサール条約第9回締結国会議の記録）と改正した。また、1992年の「環境と開発に関する会議」（地球サミット）の「リオ宣言」や「アジェンダ21」では、環境政策や環境資源管理への地域社会の参加を重視したが、同様にCOP6における「ワイズユース」の議論でも、湿地を利用しながら生活してきた地域住民及び先住民の知恵や知識が持続可能な湿地管理に有効である事に注目し、地域社会が湿地管理に参加することを重視した（松井一博、2005年）。このように持続可能な開発概念やそのための住民参加といった環境教育・ESDの推進に不可欠な要素と「ワイズユース」概念が強い結びつきを持って展開してきている、と考えられる。

第8章　水の惑星に生きる環境教育

3　日本の湿地をめぐる教育・学習

(1) 兵庫県豊岡市の事例

　いま、コウノトリが全国各地を飛び回っている。兵庫県豊岡市は、一度野外で絶滅したコウノトリの再導入を目指し、コウノトリと共生する自然環境の再生・回復と共に、地域の経済的・社会的な好循環を伴う地域づくりを促進してきた。兵庫県は、1999年に野生復帰の研究拠点とする兵庫県立コウノトリ郷公園を開設し、コウノトリが営巣するための人工巣塔の設置、放鳥される飼育下のコウノトリの餌場を目的とした実験場としての湿地の造成を進めてきた。また、豊岡市は、2000年に豊岡市立コウノトリ文化館を開設し、コウノトリの生息地保全の観点から無農薬の水田及び湿地管理などの取組やコウノトリが生息するための自然環境と野生復帰を住民の視点から推進するための社会環境の整備を同時に進めてきた。その後、コウノトリ野生復帰は地域固有の問題に留まらず、渡り鳥の保全に関する国際間の相互協力や技術交流の促進などの世界的な課題として取り組まれてきた。そして、2012年には、豊岡市の「円山川下流域・周辺水田」がラムサール条約の条約湿地に正式に登録された。

　こうして、「コウノトリも一緒に暮らせる」ための取組は、行政から市民

山の根にある水田ビオトープ
（筆者撮影）

位置平地及び水田に隣接する水田ビオトープ（筆者撮影）

171

グループ又は農家へと対象が広がり、その形態も多様化している。ここに、2008年にラムサール条約締約国会議（COP10）で「湿地システムとしての水田における生物多様性の向上」を採択し、水田周辺が多様な生きものが暮らす湿地として重要であると再確認されたように、行政、市民グループと農家が協議して造られる湿地保全に向けた水田のあり方が注目される。本節で紹介する「コウノトリ生息地保全水田ビオトープ維持管理業務委託事業（以下、水田ビオトープ事業）」は、人とコウノトリが共生する社会の実現を目的に造成される湿地の観点から、市が農家に管理を委託する住民参加型湿地保全の一つである。

　水田ビオトープ事業は、2002年に市企画部内に「コウノトリ共生推進課（現コウノトリ共生課）」が設置された後、コウノトリの餌生物を増やす実験的な取り組みとして市から農家への委託事業として始まった。2003年より、休耕田又は耕作放棄地を活用した水田ビオトープ造成の委託事業（委託費5万4,000円/10a）として5年限で展開され、2007年度に一定の成果を得て最終年を迎えた。その後、2006年度より段階的な放鳥が行われた結果として、2007年にヒナ1羽の巣立ちが確認されるなどの野外における繁殖に成功の兆しが見られたことから、コウノトリ生息地の保全が一層目指され、水田ビオトープ事業の取組は継続している。

　こうして、2009年より水田ビオトープ事業が刷新され、水田所有者である農家にコウノトリ生息地保全を目的とした農地管理を委託するだけでなく、地域住民の生きものとの共生意識を育むことを目指した水田ビオトープの多面的利用が図られてきた。ここに、①コウノトリの生息を支える湿地及び②地域の生物多様性の向上・保全の場として一定の面積の農地を管理し、また、③地域住民の自然体験の場の活用に向けて連携協力を行うといった三つの理念をもとに管理要件及び方法が体系化されるにつれ、水田ビオトープに取り組む地域や農家が増えていった。そして、③の目的を達成するため、市内に29ある小学校区ごとに環境体験学習の拠点地として一定規模の水田ビオトープが設置され、地域の自然資源、人材を活用した環境教育実践が進められて

いる。現在、15の小学校区ごとに総計1,288程の水田ビオトープが農家又は地域によって管理されている（2015年9月現在）。

　水田ビオトープ事業における実際の教育活動に際しては、豊岡市教育行政が進める「ふるさと実感・環境体験事業」との連携を通じて、五感を使って地域の自然にふれることを目的とする田・畑・水辺・里山等をフィールドとした生きもの調査授業（市内全小学校3年生を対象、年3回以上）の一部として行っている。豊岡市コウノトリ共生課は、水田ビオトープを活用した生きもの調査を通じて、自然環境や生きものについて学ぶ機会を作るため、道具の貸し出しや市の職員が生きものの説明をするなどの授業の支援を行う。また、水田ビオトープの管理者である農家は、子どもが休憩するスペースを確保するための草刈りを行ったり、マムシなどの生物による危険がないかの下見をしたりと、生きもの調査授業で子どもを受けいれる前の準備を行う。

　ここまで、学校、地域又は農家による連携協力による、水田ビオトープ事業の概略を示した。それでは、コウノトリ野生復帰にかかる教育実践の現場では、具体的にどのような状況が展開されるのだろうか。

　豊岡市行政職員として20年近くコウノトリ野生復帰に関わり、その後、市民グループとして湿地づくりの活動に専念してきた佐竹節夫は、コウノトリに関する出前講座を市内の小学校へ行った際、「あたかも算数の計算のように、定型的な答えが、全員から、明確な言葉で出てくる」ことに違和感を持ったという。言い換えれば、コウノトリがなぜ絶滅したのか、ひいては、人とコウノトリの関わりについて、浅薄なストーリーが子どもたちに伝わってしまっていることへの危機感であった。戦時中にコウノトリの営巣場所であった松の木が切られたから絶滅した、米をたくさん作るために農薬をまきコウノトリの餌生物がなくなったから絶滅した、などの単一的な側面だけのいわゆる杓子定規でコウノトリ野生復帰を図ることは難しいだろう。

　その意味では、コウノトリ野生復帰にかかる教育実践の現場では、いかに子どもがコウノトリの餌場を目的とする実験場としての水田ビオトープに関わり、そして、人とコウノトリが共生する社会の現実感を得るかが重要な学

湿地・水辺で子どもが作業をしている様子（提供：コウノトリ湿地ネット）

習の視点となる。地球上における生命の素である湿地は、水の流れがなく、浅くて光が届き、草が生えて多様な命を育めるところである。そのような場所に入る人間も、水の中では落ち着き、安らぎ、その結果、集中できる。そして、その場で一緒に関わる人間同士が優しくなれる要素を持っている。水田ビオトープもまた、人とコウノトリが集まる湿地再生・保全・創造とする総合的な学びの条件整備が不可欠である。

　豊岡市教育行政は、教育の基本的方針の一つに、全ての命に共感する力及び人と肯定的に関わる基本的態度を身につけさせるため、コウノトリを核にした環境教育に取り組み教育施策の充実を図る（第3次とよおか教育プラン、2015年）。野生生物の存在を認め、同時に、自身の身の回りの生活や社会を認めることで、より深く、より本物に近い人とコウノトリが共に生きる未来（図）を描くことができるのではないか。コウノトリ野生復帰の根底に流れるストーリーの「体感」の質が、いま求められよう。

（2）鹿児島県出水市の事例

　出水市は鹿児島県の北西部に位置し、温暖な気候・豊かな自然・海・山に恵まれてた世界的にも有数のツルの越冬地である。出水市の水田を中心とした湿地には主にナベヅルとマナヅルが多く飛来するが、毎年最低でも5種類（ナベヅル・マナヅル・カナダヅル・ナベクロヅル・クロヅル）がそこで越冬している。出水市の「出水市ツル観察センター」では、1927年からツルの飛来数を毎年記録しており、1997年以降、毎年1万羽以上のツルが飛来する。2015年には1万7,005羽と過去最高の羽数を記録している。

　いまでこそ出水市ではこれだけのツルの飛来数を記録するようになったが、

第8章　水の惑星に生きる環境教育

明治以降、ツルは狩猟の対象となり一時は絶滅の危機に直面したこともあった。こうした状況は、1921年の天然記念物保存法により、出水に飛来するツルとその飛来地が天然記念物および禁猟区の指定を受けたことでその個体数は徐々に回復していった。さらに、1952年になると文化庁により、ツルが飛来する出水市荒崎地区（西干拓地）

観察センターから見られるツルへの給餌風景（筆者撮影）

245.3haが特別天然記念物に指定され、飛来するツルを保全していく法制度が完備されていった。ところが出水の水田では、ツルの飛来する冬に裏作としてジャガイモやソラマメを栽培していたため、雑食であるツルによる食害被害が発生した他、多くのツルが飛来することで田んぼの畦が踏み壊されてしまう被害が深刻化していった。その対策として、出水市では1964年から荒崎地区で農作物被害を軽減するためツルに給餌する活動を開始し、1972年からはツルが飛来する毎年10月〜3月の間、文化庁がツルの生息地確保のために農家から農地1反（およそ10a）4万円で50.7ha借り上げる事業を開始した。さらに、1987年には荒崎地区と隣接する旧高尾野町（現在は出水市・野田町と新設合併）がともに国指定出水・高尾野鳥獣保護区となり、保護区の総面積は約842haとなった。1996年からはツル飛来地の分散化を目的として、環境省も1反3万円で旧高尾野町の東干拓地53haを新たに借り上げ、ツルのねぐらになっている（図8-2）。

　現在でも給餌活動を行っている西干拓（荒崎地区）と東干拓では、10月〜3月の間、毎日およそ1.5トンの小麦を給餌している。2月からはツルが再び北へ飛び立つ体力づくりのためにと、小麦に加え冷凍された小魚も1日当たり400kg与えている。この給餌は、出水市にある「出水ツル博物館クレインパークいずみ」（以下、クレインパーク）に事務局を置く、「ツル保護会」が中心となり行っている。ツル保護会とは出水市のツルを保護する目的とし

図8-2 ツルの保護地域（環境省HPより）

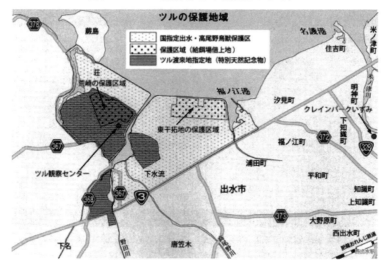

て発足し、ツルへの給餌活動や保護・救護活動、鹿児島大学と提携したねぐらの水質調査等を行っている。また、ツル保護会は給餌活動の他、農家から農地の借り上げや、ツルによる農地被害が起きた際の被害金の支払いも行っている。その他、農業被害対策として、県と市から毎年600万円ずつ補助金を出し合い、周辺農家へ防鳥ネットや赤銀テープを配布しツルの侵入防止対策も行っている。ツル保全の拠点となるクレインパークは設立当時（1995年）、市の観光企画事業として建てられた施設であった。しかし、ツルが飛来するシーズンが限られ、ツルが実際にパークの近くにくることも少なく、市の観光事業と結びつけにくかったため、現在では教育委員会の生涯学習課が管理している。

　出水市では**表8-1**のような歴史的変遷を経てツル保全活動を行ってきたが、ツル保全と地域づくりを結びつけ、ツルや湿地をめぐるワイズユースをしていく実践は積極的に行われていない。その理由は、出水市とツルのこれまでの関わりが関係していると考えられる。出水市のツル保全は給餌活動を中心

第8章　水の惑星に生きる環境教育

表8-1　出水市での主な政策

年	政策
1921	天然記念物保存法により、出水のツルとその飛来地が天然記念物および禁猟区の指定を受ける
1952	文化庁により、ツルと出水市荒崎地区（西干拓地）245.3haが特別天然記念物に指定される
1964	荒崎地区で農作物被害を軽減するためツルに給餌活動を開始
1972	毎年10月～3月の間、文化庁がツルの生息地確保のため農家から農地一反（およそ10a）4万円で50.7haを借り上げる
1979	文化庁はこれまでの保護増殖事業から食害対策事業へと切り替える
1987	荒崎地区と隣接する旧高尾野町（現在は出水市・野田町と新設合併）がともに国指定出水・高尾野鳥獣保護区となり、保護区の総面積は約842haとなる
1996	休遊地の分散化を目的として、環境省も一反3万円で旧高尾野町の東干拓地53haを新たに借り上げツルのねぐらとした

として行い、それはコウノトリやトキのように一度絶滅したことをきっかけに保護活動を行うようになったのではなく、もともとは農業被害防止のためにツルを一カ所に集めることを目的として行われてきた。そのため、人とツルの共生という側面より、むしろツルを一か所に集めることによる人間の生活領域と野生動物の分断・隔離の側面が前面に出た実践であった。このような背景の中で、クレインパークでは少しでも地域住民にツルやそれを取り巻く自然環境に関心を持ってもらおうと、パーク周辺にある水田の生きもの調査や植物観察会を行い、身近な自然環境に目を向け保全することが、結果としてそこに生息するツルをはじめとする様々な生きものの保全につながることを伝えている。今後は「クレインパーク」を地元住民による環境教育の場としてより有効的に活用していくことが求められる。

（3）北海道釧路市の事例

　霧多布湿原のある北海道の浜中町は太平洋に面しており、内陸は綺麗に区画された酪農地帯、沿岸は漁業が盛んな町である。霧多布湿原は面積が3,160haと国内3番目の広さを誇り、海岸にも湿原が広がっている（**図8-3**）。1922年には、中心の803haが国指定の天然記念物に指定されたが、残りの2,357haは民有地・国有地・町有地が混ざっている。1986年に霧多布湿原保

図8-3 霧多布湿原（霧多布湿原センターHPより）

全のため、地元の青年たちによる「霧多布湿原ファンクラブ」が発足し、湿原民有地を借り上げるという形で民間による保全活動がはじまった。しかし、持続的な湿原保全のためには湿原民有地の買い取りが望ましいとされ、財政面も考慮した結果、2000年に「NPO法人霧多布ナショナルトラスト」が設立された。このNPO法人霧多布ナショナルトラストは後の2005年、当時（1995年）の浜中町町長の「こどもたちや地域の人々に、霧多布湿原や身近な自然環境を大切にする気持ちを育てていきたい。それが結局この町の産業や将来の発展につながる」という強い湿原の保全に対する意識により設立された「霧多布湿原センター」（以下センター）の運営を、2005年に浜中町から委託されている。

　NPO法人霧多布ナショナルトラストでは霧多布湿原センターの運営を通じて、湿地保全のために3つの取り組みを実施している。一点目は、湿原内の民有地等を買い上げ、保全していく「ナショナルトラスト事業」である。

第8章　水の惑星に生きる環境教育

また、湿地の保全のために土砂が流れてこないよう、湿地を流れる川の上流部分の森も購入し、2016年２月には買い取った土地の合計は850haに上っている。

二点目は、湿原トレッキングなどを楽しみながら霧多布湿原の自然環境、保全活動を学べる環境教育プログラムの提供である。2000年より地元住民の湿地保全への理解や関心を得るため、自然体験学習を中心とした地元の学校向けの総合学習プログラムを小中学校あわせて９校を対象に提供している。さらに、特に興味のある子ども達を集めて「きりたっぷ子ども自然クラブ」を組織し、海や川での体験プログラムの他、地元の漁師の協力による漁で使う網でハンモック作りの体験学習を実施している。これらプログラムを通じて地域住民と子どもたちの交流を促し、地域住民や子どもたちが自分たちの暮らしているこの環境を誇りに思ってくれるような地域づくりにつなげたいというのが霧多布湿原センターの狙いである。そのため、地元の中学生以上の生徒たちをボランティアとして積極的に受け入れ、企画運営にも参加させている。さらに、協賛企業にも毎年１回ボランティアとして参加してもらい、木道や周辺整備も行っている。このように学校教育だけではなく、センターが中心となって地域や家庭、企業とが連携することで、自然と人との橋渡しだけではなく、地域住民は生涯を通じて学習や活動に参加することが可能となる。

三点目が「調査と湿原の再生」である。「ナショナルトラスト事業」として買い取った民有地の多くは、砂利を入れて埋め立てられていたり、宅地として利用されたりしているため、そういった湿原を元に戻す取り組みを行っている。また、湿原に関するモニタリング調査といった基礎的な情報の蓄積も行っている。センターでは調査結果の住民報告会を設け、地元の人が自分たちの暮らす環境についてより詳しく知り、誇りに思ってもらえるような機会をつくることを目指している。現在行っている調査のひとつに「海と湿原のつながり調査」活動がある。この調査が始まった発端は、センターと浜中町の漁師たちの交流の中で漁師たちが霧多布湿原周辺で採れる海産物は味や

179

食感が異なると話題にしたことにある。この活動は、センターがコーディネーターとなって、道立の林業試験場や北海道大学の協力のもと自然科学的知見からの調査を行っている。この調査は自然科学の側面から湿原の価値を再確認するだけではなく、森から湿原、そして海への「つながり」を明らかにし、浜中町で採れるさまざまな海産物に付加価値をつけることで、漁業を中心とした経済活動と環境保全が両立するまちづくりを目指すことを目的とし、実施された。調査を通じて、沿岸の漁業における湿原の役割を明らかにすることで、漁業関係者が湿原を守ることの大切さに気づくきっかけとなるのも調査の狙いのひとつである。しかしながら、調査結果報告会への地域住民の参加が少なく、地域住民の湿地保全への関心をいかに高めていくかが、センターにおいて今後の課題ともいえる。さらに、霧多布湿原には生息が北海道東部に限られているタンチョウをはじめ、およそ280種の野鳥が飛来することがわかっている。こういった野鳥を観察するために世界各国からツアーを組んで訪れる観光客が多くいるが、センターには鳥に関する専門家が配備されていない。しかし、町内にはバードウォッチングのエコツアーを行っている企業や「NPO法人エトピリカ基金」がエトピリカを中心に鳥類の観察を継続的に続けており、データとしての蓄積はある。以上のことを踏まえ、センターでは、こういった企業や他のNPOと連携し、それぞれの得意分野（鳥類・花・カヌー等）を活かしたエコツアーのポータルサイトをつくり、外からの客を町に呼び込む取り組みもはじまろうとしている。

4　「湿地教育」に求められる視点

　事例にあげた豊岡市では、「豊岡市環境経済戦略―環境と経済が共鳴するまちをめざして―」を立案し、コウノトリ野生復帰をめぐる湿地保全活動に多くの主体の参加を求めている。この戦略では、農法の転換に関する学習会や技術指導会の開催や、湿地保全に配慮した農法である「コウノトリ育む農法」によって作られた米をブランド化する事によって、湿地保全と農業者の

第8章　水の惑星に生きる環境教育

利益の増加とをつなぎ合わせている。さらに、豊岡市が持つ観光資源とコウノトリ野生復帰とをつなぎ合わせた観光「コウノトリツーリズム」を展開するとしている。これは、観光客だけではなく、コウノトリ飛来地区とコウノトリ野生復帰と無関係であった温泉地や周辺地区の住民のコウノトリ野生復帰の取り組みへの参加を促す可能性を持つと考えられる。

　しかし、地域に存在した湿地の生態系的・文化的価値を再評価し、保全を促進するはずのラムサール条約に登録されることが従来からの湿地の利活用のあり方との離齬を生み出すこともある。その一つが宮城県伊豆沼・内沼の事例である。伊豆沼・内沼は、「地域の宝」と呼ばれ、地域住民の生活や生業と密接な関わりがあった。しかし、ラムサール条約登録湿地への申請と登録といった渡り鳥の保護が公的に強化される過程で、住民の生業を保護する視点に欠けた公的管理を行ったことで、農業従事者の無理解、住民の無関心や湿地管理の担い手不足を招いていることが指摘されている（斉藤雅洋、2011年）。一方で、「蕪栗沼及び周辺水田」ではそういった各ステークホルダーの意識のズレを乗り越える実践を行っている。「蕪栗沼及び周辺水田」は、世界で初めて「周辺水田」を含めて条約に指定された湿地であり、現在日本有数のマガンの渡来地となっている。蕪栗沼の周辺水田では、増加するマガンのねぐらの周辺水田への分散や渡来地としての環境整備を目的として「マガンのためのふゆみずたんぼ」を行政が提案し、行政の支援のもと行っている。稲を荒らす害鳥でもあるマガンの保全のために、労力やコスト面で負担がかかる「ふゆみずたんぼ」を農家たちが受け入れていく背景として、「次世代への環境のバトンタッチ」「消費者への安心、安全な米の提供」などの農家独自の目的を見出し、行政の意図とは異なる次元にその目的を設定していくことによって、自分自身の行為に積極的な意味づけをしていくことが指摘されている（武中桂、2008年）。湿地保全には湿地の保全を進めようとするNPO等の自然保護推進者、公的管理を担う行政、湿地の保全により不利益を受けることの多い農家、湿地の恵みを利用し、管理する漁業者などの多様なステークホルダーが存在する。そのため、湿地の保全にはそれぞれの立

181

場の主体による合意形成を生み出していく学びが今後必要になる。

　また、ラムサール条約は法的拘束力を持たないため、登録湿地でさえも湿地開発の問題は発生している。例えば、福井県敦賀市の中池見湿地では、2012年ラムサール条約湿地登録直後に湿地を貫通する北陸新幹線のルートの変更と認可が鉄道運輸機構（JRTT）によって発表された（中池見湿地シンポジウム2015報告レポート）。発表後、地元団体や日本自然保護協会による反対運動により2015年にルートの変更が発表されたが依然としてラムサール登録湿地内を開発する計画になっている。このように、湿地保全を推進するためのラムサール条約への登録が形骸化しつつある地域が存在するなかで、「湿地教育」が湿地開発の問題に対してどのように向き合っていくのかが課題となっている。

参考・引用文献

朝岡幸彦「環境教育の射程（1）環境教育の目的と概念」『環境教育・青少年教育研究』第3号、2004年、東京農工大学環境教育研究室

阿部治『子どもと環境教育』1993年、東海大学出版会

阿部道彦・佐島群巳「食農教育の系譜と展望」『環境教育』14巻2号、2004年、日本環境教育学会

天野郁夫・藤田英典・苅谷剛彦『教育社会学』1994年、放送大学教育振興会

飯野節夫『脳に効く食べ物悪くする食べ物：だれも気づかなかった　成績を上げる「健脳食」はこんなにある』1983年、主婦と生活社

生田久美子「「教える」と「学ぶ」の新たな教育的関係:「わざ」の伝承事例を通して」『日本看護研究学会雑誌』29（3）、2006年

磯辺俊彦『新版　日本農業論』1996年、有斐閣

市川智史『UNESCO-UNEPの国際環境教育計画にみる環境教育・訓練に関する1990年代の国際活動方略』1989年、広島大学大学院研究科博士論文集第15巻

岩橋能仁「地域子ども組織」酒匂一雄編『地域の子どもと学校外教育』1978年、東洋館出版

大来佐武郎・松前達郎『社会と璋境教育』1993年、東海大学出版会

大串隆吉『新版日本社会教育史と生涯学習』1998年、エイデル研究所

大田堯『学校と環境教育』1993年、東海大学出版会

大森享『小学校環境教育実践試論　子どもを行動主体に育てるために』2004年、創風社

大森享『野生動物保全教育実践の展望―知床ヒグマ学習、イリオモテヤマネコ保護活動、東京ヤゴ救出作戦』2014年、創風社

大森亨他『3.11を契機に子どもの教育を問う―理科教育・公害教育・環境教育・ESDから―』2013年、創風社

小川利夫『社会教育と国民の学習権』1973年、勁草青房

奥井智久『地球規模の環境教育』1998年、ぎょうせい

尾関周二『遊びと生活の哲学』1992年、大月書店

尾関周二『言語的コミュニケーションと労働の弁証法』2002年（改訂）、大月書店

嘉田由紀子『生活世界の環境学』1995年、農山漁村文化協会

加藤純一「21世紀を志向する食の美学―やさしさの三位一体に根ざす新しい食育」『家庭科学』60巻、1993年、日本女子社会教育会家庭科学研究所

門脇厚司『子どもの社会力』1999年、岩波書店

川嶋宗継・市川智史・今村光章『環境教育への招待』2002年、ミネルヴァ書房

川前あゆみ・玉井康之『山村留学と学校・地域づくり』1998年、高文堂出版

環境教育研究会『大阪の環境教育』1996年、清風堂書店出版

環境省『日本のラムサール条約湿地』2015年

環境庁、外務省監訳『アジェンダ21実施計画』1997年、エネルギージャーナル社

環境と開発に関する世界委員会『地球の未来を守るために』1989年、福武書店

菊池英弘「ラムサール条約の締結及び国内実施の政策決定過程に関する一考察」『地域環境研究：環境教育研究マネジメントセンター年報』第5号、2013年

岸康彦『食と農の戦後史』1996年、日本経済新聞社

鬼頭秀一『環境の豊かさを求めて』1999年、昭和堂

教育人的自然報『教育統計サービス』2015年

国際自然保護連合（IUCN）、小栗有子・降旗信一監訳『教育と持続可能性　グローバルな挑戦に応えて』2003年、レスティー

国立環境科学院『子ども露出係数ハンドブック』2016年

小島敏郎『国連持続可能な開発教育の十年を考えるヒント』2003年、（財）水と緑の惑星保全機構

斉藤雅洋「自然環境の公的管理と住民意識―ラムサール条約登録湿地伊豆沼・内沼の事例から」『東北大学大学院教育学研究科研究年報』第59号2巻、2011年

榊田みどり「地場農産物と学校給食（8）」『月刊JA』2003年

酒匂一雄『地域の子どもと学校外教育』1978年、東洋館出版社

佐々木正剛・小松泰信・横溝功「農業高校の今日的存在意義に関する一考察：職農教育から食農教育へ」『農林業問題研究』37巻、2001年

佐島群巳『環境教育の基礎・基本』2002年、国土社

佐島群巳『環境マインドを育てる環境教育』1997年、教育出版

佐藤一子『子どもが育つ地域社会』2002年、東京大学出版会

佐藤一子『NPOの教育力』2004年、東京大学出版会

佐藤一子『地域学習の創造　地域再生への学びを拓く』2015年、東京大学出版会

佐藤正久「ブルントラント委員会」日本環境教育学会編『環境教育辞典』2013年、教育出版

佐藤学『学力を問い直す』2001年、岩波書店

持続可能な開発のための教育の10年推進会議（ESD-J）『「国選持続可能な開発のための教育の10年」への助走』、2004年

参考・引用文献

七戸長生・永田恵十郎・陣内義人『農業の教育力』1990年、農山漁村文化協会

柴田敏隆「自然保護の歴史と概念」日本自然保護協会編『自然観察からはじまる自然保護2001』日本自然保護協会、2001年

眞淳平『人類が生まれるための12の偶然』2009年、岩波書店

シン・スンファン『文化芸術教育の哲学的地平』2008年、ハンギルアート

鈴木善次『環境教育学原論』2014年、東京大学出版会

鈴木善次『人間環境教育論』1994年、創元社

鈴木敏正『将来社会への学び』2016年、筑波書房

鈴木敏正『教育学をひらく―自己解放のために』2003年、青木書店

鈴木敏正『主体形成の教育学』2000年、御茶の水書房

鈴木敏正『「地域をつくる学び」への道』2000年、北樹出版

鈴木紀之と環境教育を考える会『環境学と環境教育』2001年、かもがわ出版

関礼子「環境権の思想と運動〈抵抗する環境権〉から〈参加と自治の環境権〉へ」長谷川公一編『環境運動と政策のダイナミズム』2001年、有斐閣

高村康雄・丸山博『環境科学教授法の研究』1996年、北海道大学図書刊行会

武中桂「「実践」としての環境保全政策」『環境社会学研究』第14号、2008年

田中俊徳「ラムサール条約の国内実施における意思決定構造と情報共有の枠組み」『人間と環境』第42号1巻、日本環境学会、2016年

田中実・安藤聡彦『環境教育をつくる』1997年、大月書店

田中裕一『石の叫ぶとき』1990年、未来を創る会出版局

田中裕一「社会認識と環境教育」大田堯編『学校と環境教育』1993年、東海大学出版会

多田雄一「第7章四日市の工業開発と公害」福島要一編『環境教育の理論と実践』1985年、あゆみ出版

千野陽一監修『現代日本の社会教育』1999年、エイデル研究所

塚野征『環境問題と道徳教育』1996年、東洋館出版社

時田純子「心と体のたくましい子を育む生活体験学習の取り組み―大分県中津市如水保育園の実践」『生活体験学習研究』1、日本生活体験学習学会事務局、2001年

永井進・寺西俊一・除本理史『環境再生』2002年、有斐閣

永田恵十郎『地域資源の国民的利用』（食糧・農業問題全集18）1988年、農山漁村文化協会

中野民夫『ワークショップ―新しい学びと創造の場―』2001年、岩波新書

中村桂子・鶴見和子『40億年の私の「生命」―生命誌と内発的発展論』2002年、藤原書店

南里悦史『改訂子どもの生活体験と学・社連携』1999年、光生館

日本環境教育学会『東日本大震災後の環境教育』2013年、東洋館出版社

日本環境教育学会『授業案　原発事故のはなし』2014年、国土社

日本経団連『活力と魅力溢れる日本をめざして』2003年、日本経団連出版

日本国際湿地保全連合『ラムサール・スピリットと湿地のワイズユース』2008年

日本社会教育学会編『子ども・若者と社会教育―自己形成の場と関係性の変容―』2002年、東洋館出版社

沼田真『環境教育論』1982年、東海大学出版会

根岸久子「地産地消の食農教育」『農業と経済』69巻、2003年、昭和堂

農文協文化部『戦後日本農業の変貌』（人間選書60）1978年、農山漁村文化協会

原子栄一郎「持続可能な開発時代における環境教育のための教師教育：その通観的研究」『環境教育学研究』8巻、東京学芸大学環境教育実践施設研究報告、1998年

藤岡貞彦『〈環境と開発〉の教育学』1998年、同時代社

藤岡貞彦「座談会・教育制度検討委員会の教育改革構想と今日の日本の教育改革の論点」『教育』2月号、2001年、国土社

福島達夫『環境教育の成立と発展』1993年、国土社

福田真由子『中池見湿地の東北新幹線ルート変更までの道のりと今後の課題』中池見湿地シンポジウム2015報告レポート、2015年

藤田英典「社会化環境の構造変容」天野郁夫・藤田英典・苅谷剛彦『教育社会学』1994年、放送大学教育振興会

星野敏男他『野外教育入門』2001年、小学館

保田正毅「小川太郎における校外子ども組織論の形成」酒匂一雄編『地域の子どもと学校外教育』1978年、東洋館出版

堀尾輝久『教育入門』（岩波新書54）1989年、岩波書店

増山均『余暇・遊び・文化権と子どもの自由世界』2004年、青踏社

松井一博「ラムサール条約における参加型環境管理」『国際公共政策研究』第10号1巻、大阪大学大学院国際公共政策研究科、2005年

松井孝典『宇宙人としての生き方』（岩波新書839）2003年、岩波書店

宮崎一郎『環境・公害教育に生きる』1996年、高文研

宮永国子『グローバル化とアイデンティティ』2000年、世界思想社

宮原誠一『青年期と教育』1966年、岩波書店

宮本憲一『環境経済学』1994年、岩波書店

宮本憲一『環境と開発』1992年、岩波書店

宮本憲一『環境と自治』1997年、岩波書店

村井弦斎『食道楽』1903年、報知社出版

村瀬誠・三石初雄・大森享『すみだ環境学習プログラム指針―持続可能な社会を"すみだ"から』2003年、東京都墨田区環境保全課

茂呂雄二『状況論的アプローチ3 実践のエスノグラフィ』2001年、金子書房

李在永『学校の森造成の効果』2006年、生命の森国民運動

柳文章『翻訳語の成立―西欧語が日本近代を会い新しい言語になるまで』2011年、心の散策出版

横山正幸・正平辰男・猪山勝利『子どもの生活を育てる生活体験学習入門』1995年、北大路青房

吉冨芳正・田村学『生活科の形成過程に関する研究 新教科誕生の軌跡』2014年、東洋館出版社

若狭蔵之助『問いかけ学ぶ了どもたち』1984年、あゆみ出版

鷲谷いづみ・飯島博『よみがえれアサザ咲く水辺』2003年、文一総合出版

イディス・コップ『イマジネーションの生態学』1986年、思索社

ガート・ビースタ『民主主義を学習する 教育・生涯学習・シティズンシップ』2014年、勁草書房

フィリップ・シャベコフ、しみずめぐみ・さいとうけいじ訳『地球サミット物語』2003年、JCA出版

レイチェル・カーソン『センス・オブ・ワンダー』1991年、祐学社

ロジャー・ハート『子どもの参画』2000年、萌文社

E. F. シューマッハー『スモール・イズ・ビューティフル』1986年、講談社学術文庫

G. V. T .Matthews『ラムサール条約その歴史と発展』1995年、釧路国際ウェットランドセンター

I. イリイチ・P. フレイレ『対話―教育を超えて』1980年、野草社

ジョン・マコーミック『地球環境運動全史』1998年、岩波書店

J. デューイ『経験と教育』2004年、講談社学術文庫

ロジャー・ハート『子どもの参画』2000年、萌文社

General Assembly-Twenty-third Session 2399（XXIII）Problems of the human environment

General Assembly-Twenty-sixth Session2849 (XXVI) Development and environment

Harold R. Hungerford, Trudi L. Volk 『Changing Learner Behavior Through Environmental Education』 Journal of Environmental Education 21 (3), 1990, 8-21

IUCN (2000), ESDebate International debate on education for sustainable development Frits Hesselink, Peter Paul van Kempen, Arjen Wals

Kellert, S. (2002) Experiencing Nature: Affective, Cognitive, and Evaluative Development in Child in Peter H. Kahn and Stephen R. Kellert (edit) Children and Nature: Psychological, Sociocultural, and Evolutionary Investigations, Massachusetts Institute of Technology.

Louv, Richard (2009) Last Child in the Woods Saving Our Children from Nature-Deficit Disorder, Workman. (邦題「あなたの子どもには自然が足りない」(早川書房))

Louise Chawla, 『Significant Life Experiences Revisited: a review of research on sources of environmental sensitivity, Environmental Education Research 4 (4), 1998, 369-382

Tanner T., 『Significant Life Experiences: a new research area in environmental education』 Journal of Environmental Education 11 (4), 1980, 20-24

UNESCO-UNEP (1976~1992), CONNECT, Vol.1, No.1~Vol.17, No.3

UNESCO (2004), United Nations Decade of Education for Sustainable Development 2005-2014 Draft International Implementation Scheme

UNESCO (2002), EFA Global Monitoring Report. 2002

UNESCO and Government of Greece (1998), Environment and Society: Education and Public Awareness for Sustainability, Proceedings of the Thessaloniki International Conference 8-12 December 1977, Education for a Sustainable Future: International Conference Ahmedabad, India 18-20 January, 2005, Plenary I Charles Hopkins 講演メモ

あとがき

　本書は、2005年に高文堂から環境教育に関するテキストとして出版された本の改訂新版である。本書は総論、学校環境教育論、公害教育論、自然体験学習論、食農教育論、生活体験学習論、ESD論を網羅するバランスのよい良書として高い評価を得ていたものの、出版社の事情から長く絶版となっていた。原書の良さを生かしつつ、この10年余にわたる研究の成果を追記して、さらに湿地教育論を加える形で改めて新版として出版することとした。

　このたび筑波書房の「持続可能な社会のための環境教育」シリーズ第6巻として新版が刊行されるにあたり、初版が刊行された頃には想像できなかったいくつもの出来事が意識されている。その最たるものが、2011年3月11日に発生した東日本大震災と福島第一原子力発電所の事故である。いくつもの大陸プレートに挟まれた日本列島に生きる私たちにとって、地震や津波、噴火、台風などの巨大災害は宿命とも言えるものであった。しかしながら、巨大な地震と津波によるあまりに大きな被害に愕然とせざるをえないばかりでなく、チェルノブイリ原発事故と並ぶ原子力災害の深刻さに長く向き合わざるをえなくなっている。さらに本年（2016年）4月14日と16日にいずれも震度7を記録する連動型地震として、熊本地震が熊本・大分両県に甚大な被害をもたらした。こうした事態を受けて、レジリエンス教育をもとに災害教育が環境教育の重要な領域としてつけ加わる日も遠くない。

　私たちはますますグローバル化する世界において、「我々はどこから来たのか　我々は何者か　我々はどこへ行くのか」という問いを、教育実践と研究の根幹に据え直さなければならないのであろう。本書を契機に環境教育実践と研究とがより深い考察と議論の段階に進むことを期待したい。

　最後に、本シリーズの刊行を粘り強くご支援いただいた筑波書房の鶴見治彦社長、カバーデザインを引き受けていただいた森田文明さん、編集実務を担当してくれた石山雄貴さんに厚く御礼申し上げたい。

2016年　初夏　　　　　　　　　　　　　　　朝岡　幸彦（監修者・編者）

◆執筆者紹介◆

氏名、よみがな、所属（現職）、称号、専門分野または取り組んでいること等。

監修者／はしがき
阿部 治（あべ・おさむ）
立教大学社会学部教授、同ESD研究所所長。ESD活動支援センターセンター長。
現在、東アジアにおける環境教育/ESDの国際協力の推進と国内におけるESDの
制度化、地域創生としてのESDに関する実証研究等に従事している。

監修者／編著者／第1章／あとがき
朝岡 幸彦（あさおか・ゆきひこ）
東京農工大学農学研究院教授。博士（教育学）。日本環境教育学会事務局長、日
本社会教育学会事務局長、『月刊社会教育』（国土社）編集長などを歴任。専門
は社会教育、環境教育

第2章
大森 享（おおもり・すすむ）
北海道教育大学釧路校地域・環境教育専攻教授。ESD推進センター長。環境教
育学・教育方法論

第3章
関上 哲（せきがみ・さとし）
松蔭大学非常勤講師（前モンゴル国立農業大学ビジネス経済学部教授）。博士（農
学）。専門分野は資源経済学、環境経済学、国際環境論、社会教育、環境教育。

第4章
降旗 信一（ふりはた・しんいち）
東京農工大学大学院准教授。博士（学術）。環境教育学、教師教育学。

第4章
李 在永（イ・ジェヨン）
韓国公州大学環境教育科教授。博士（哲学）。専門分野は環境教育学、プログラ
ム開発論。

第5章
野村 卓（のむら・たかし）
北海道教育大学釧路校地域・環境教育専攻准教授。博士（農学）。食育・食農教
育論、社会教育学（青少年の地域参画を基に防災教育、湿地教育、味覚教育、
フードマイレージ等の研究を行っている）

第6章
藤盛 礼恵（ふじもり・ひろえ）
東京学芸大学非常勤講師（初等生活科教育法、生活科研究）。修士（教育学）。
専門分野は環境教育、幼児教育、生活科教育。特に、山村をフィールドとした
伝統的な知恵から学ぶ体験学習、幼児教育領域「環境」や小学校「生活科」に
おける体験活動について調査研究を行っている。

第7章
小栗 有子（おぐり・ゆうこ）
鹿児島大学かごしまCOCセンター社会貢献・生涯学習部門准教授。専門分野は
社会教育学、環境教育学。自然環境が人の育ちに与える影響を奄美群島をフィ
ールドに原理的に探究する傍ら、生きる基盤を自らの手で整える自治力を育む
教育実践に従事。

第8章
石山 雄貴（いしやま・ゆうき）
東京農工大学大学院博士後期課程在籍・（一社）財政デザイン研究所主任研究員。
専門は環境教育、防災教育、地方財政（被災地の復興過程をもとに環境教育や
復興教育などの研究を行っている）

第8章
田開 寛太郎（たびらさ・かんたろう）
東京農工大学大学院博士後期課程在籍。コウノトリ野生復帰にかかる湿地教育
の研究を行っている。

第8章
坂本 明日香（さかもと・あすか）
東京農工大学大学院修士課程在籍。湿地を活用した持続可能な開発のための教
育（ESD）における（特に幼児教育に関する）調査および研究。

持続可能な社会のための環境教育シリーズ〔6〕

入門　新しい環境教育の実践

定価はカバーに表示してあります

2016年8月10日　第1版第1刷発行

監　修　　阿部治・朝岡幸彦
編著者　　朝岡幸彦
発行者　　鶴見治彦
　　　　　筑波書房
　　　　　東京都新宿区神楽坂2-19　銀鈴会館　〒162-0825
　　　　　電話03（3267）8599　www.tsukuba-shobo.co.jp

© 2016 Printed in Japan

印刷/製本　平河工業社
ISBN978-4-8119-0490-0 C3037